The Addison-Wesley Signature Series

A MIKE COHN SIGNATURE BOOK

THE GREAT SCRUMMASTER

中文版

#SCRUMMASTERWAY

ZUZANA ŠOCHOVÁ 著

Linda Rising、*Ruddy*（李智樺）
Yves Lin（林裕丞）專文推薦

王泰瑞 譯

作　　者：Zuzana Šochová
譯　　者：王泰瑞
責任編輯：魏聲圩
董 事 長：蔡金崑
總 編 輯：陳錦輝

出　　版：博碩文化股份有限公司
地　　址：221 新北市汐止區新台五路一段 112 號 10 樓 A 棟
電話 (02) 2696-2869　傳真 (02) 2696-2867

郵撥帳號：17484299　戶名：博碩文化股份有限公司
博碩網站：http://www.drmaster.com.tw
讀者服務信箱：DrService@drmaster.com.tw
讀者服務專線：(02) 2696-2869 分機 216、238
（週一至週五 09:30 ～ 12:00；13:30 ～ 17:00）

版　　次：2018 年 9 月初版一刷

建議零售價：新台幣 360 元
I S B N：978-986-434-326-3（平裝）
律師顧問：鳴權法律事務所 陳曉鳴律師

國家圖書館出版品預行編目資料

The Great ScrumMaster中文版 : #ScrumMasterWay / Zuzana Sochova著；王泰瑞譯. -- 初版. -- 新北市 : 博碩文化, 2018.08
　面；　公分

譯自 : The great scrummaster : #scrummasterway
ISBN 978-986-434-326-3(平裝)

1.軟體研發 2.電腦程式設計

312.2　　107013262

Printed in Taiwan

獻給所有 *ScrumMaster*、敏捷教練和領導者。

推薦序

我們缺乏專業的 ScrumMaster

台灣的 ScrumMaster 太少了。我來往於二地做演講時常常被敏捷人士們問到對岸的狀態，大家都好奇對方是怎麼實施敏捷的？演講後的提問範疇也跟二岸文化、地域大小一般有著迥然不同的分別，但問題的本質是一致的，也就是都在追求更敏捷，我的回答也從未有所區分，這部分並非受所謂的應該「有教無類」的影響，而是敏捷應該是沒有文化界限的。我們所依循的是「敏捷宣言」的指導原則，應該是跳脫地域、不分文化的。

如果你硬是要比較二岸實施敏捷有哪些差異的話，重點應該落在負責規範敏捷實施過程的敏捷教練身上，應該是他所受到環境約束所發展出來的素質上（這種素質是可以被看得出來的），而非教導敏捷時的技巧，或是去計算企業實施敏捷數量的多寡。而這正是這本書之所以那麼重要的地方，它是拿來教出好的 ScrumMaster 用的。要教出一位好的 ScrumMaster 好困難喔！一方面是好的教科書少，而又需要很長的養成期。但他卻是左右實施敏捷開發能否成功的關鍵性人物，若是忽略了，你的敏捷之途實施起來就要倍加艱辛了。

ScrumMaster 有多重要你知道嗎？

團隊戰力 X ScrumMaster 指數 = 團隊的效能

ScrumMaster 對提升團隊戰力而言是乘數。我經常協助企業導入敏捷化，從抬頭上就可以看出端倪，總是敏捷顧問或是敏捷教練之類的，然而對執行 Scrum 的團隊而言，其實 ScrumMaster 是一個最重要的角色，絕對不要輕看了這一點，他實際上主導了團隊導入 Scrum 的成效。專業的 ScrumMaster 和只是兼職的 ScrumMaster 或是只是擁有 ScrumMaster 證照的人士而言其實是差很大的。兼職的 ScrumMaster 讓乘數從 0.5 開始算起，就好比我們讓 ScrumMaster 也同工程師一樣去搶工作單一般，看起來團隊戰力是提升了，多了一個工程師來消化工作量，但實質上是讓乘數減半了。

如果你正考慮邀請我去診斷為何開發單位的效能始終不能提升的話，不如錄取幾位專業的 ScrumMaster 來就能撥雲見日了。

我必須強調的是國內專業的 ScrumMaster 真的太少了，如果二岸真要比較的話，從這裡就可以看出對實施敏捷的成果真是差很大。當第一次發現這本書的時候，就掀起我想大勢鼓吹的興頭，高興的是這本書不知道可以提供台灣多產出多少位優秀的敏捷教練來，可以多造福多少企業，多製造多少優秀的敏捷團隊來，這對軟體界而言是戰力的提升，真是一件樂事！因此在收到譯者跟總編的邀請為這本書寫序時，當下便欣然接受，並決定強力的來推廣它。如果此時你正在閱讀這段文字，請作一下下面的思考，試著問一下自己「這樣做敏捷嗎？」放下一本可以增加自己敏捷性的書，划得來嗎？ 這可是一本可以帶你由淺入深慢慢深入 ScrumMaster 本質學能的書，第一次翻閱時覺得看起來好順喔，總覺得可以一口氣看完它，但讀到後半段才意會到作者寫得好的地方，原來是一本由淺而深漸入佳境的佳作，越讀到後面越有感觸，也就會自然而然的慢了下來，大呼過癮了。

我常常這麼問自己：「這樣做敏捷嗎？」

這是一句神奇的話。每每遇到需要解題時，就一定會問這句話，它的效用無窮，原本看半天始終沒有頭緒的難題，只要捫心自問這樣做夠敏捷嗎？ 就開始有頭緒來了。久而久之便養成了思考問題的前提，然後你會發現敏捷其實就是「務實」少去做假設，遇問題盡量不去做假設，少做些猜測、務實一些，就更接近敏捷一些了。實施 Scrum 的時候你必須不斷的問自己這句話，它可以打破我們不受傳統開發所規範的思維模式（也就是假設自己能夠對專案進行完美的規劃），反過來；只要執行步驟是符合敏捷二字的，就大膽地去做吧，它已經陪著我數十年了，今天送給你，看完這篇序言你已經朝敏捷之路又前進了一步了，看完這本書則將更見豐收，好好享用它吧！

我一直以為 ScrumMaster 能夠成就團隊效能的三項核心能力：

- 激發熱情 (aspiration)，
- 發展反思性交流 (reflective conversation)，
- 理解複雜事物 (complexity)

Rudd*y*（李智樺）

91APP 總經理室敏捷教練

推薦序

Scrum 是一個很簡單的框架，ScrumMaster 的職責也很簡單就是協助團隊成長。

但困難之處是到底要如何幫助團隊成長啊？

此書就是 ScrumMaster 的學習地圖！

從問題分析、教練、引導到團體動力，書中把四處散亂東一塊西一塊的資訊和工具整合在一起，不但適合 ScrumMaster，也適合所有想要把團隊協作帶到另一層境界的領導者。

敏捷相當的講究經驗導向，所以如果譯者沒有親身體驗在現實工作的爛泥中打滾，一步一腳印的實踐敏捷，翻出來的文字和用語會搔不到癢處。而泰瑞不但在敏捷實務中浸淫多年，並且擔任過許多團隊的 ScrumMaster，相信由泰瑞所翻譯的 The Great ScrumMaster 絕對可以幫助想要學習經營團隊的您，打造出一個夢幻中的團隊！

林裕丞（Yves Lin）
台灣敏捷協會理事長

推薦序

Zuzana Šochová 或稱 Zuzi，是這本關於 #ScrumMasterWay 一書的作者，她也是布拉格敏捷研討會（Agile Prague Conference）的核心與靈魂。幾年前，我有幸在這個會議上遇見她，是一個在美麗城市中生活的美麗女人。本書正如其書名，是一本專門為 ScrumMaster 與敏捷教練所寫，用來實踐敏捷之道的指南手冊。

本書涵蓋的範圍很廣。你會看到許多具價值觀點的手繪圖，以及許多得自珍貴實務經驗的有用實例。在閱讀本書後，你將會知道這些內容讓本書成為了一本難得的技巧參考書。

Zuzi 閱讀廣泛，在她的演講中，她常常信手捻來她閱讀過的有趣內容，引起大家的注意，而使她的演講生動又內容豐富。Zuzi 也有敏捷的思想，她也傳達並鼓勵讀者要有相同的思路：小步前進，即使一時氣餒，也要持續向前。這聽起來很像其他書籍——《Fearless Change》和《More Fearless Change》當中的建議。因為我自己對於變革深感興趣，所以我也引用了 Zuzi 所提倡的方法。成功的變革是建立在小步小步的前進和滴水穿石的學習之上，而並非大多數組織所使用的宏大計畫，謀求在一夜之間產生翻天覆地的改變，而且還押了期限，諸如「在 2016 年底，我們將變得更敏捷」。在《Fearless Change》一書中描述了所謂「學習週期」，亦即前進一小步，停下，花一點時間思考後再學習。在小小成功的基礎之上，再踏出下一小步。當然，我們希望當改變發生時，它自己就能到達一個臨界點，好讓接下來的事情可以變得更加容易。但我們不能如此指望，變革的最好方法是從小規模的實驗開始進行。

你肯定會喜歡 Zuzi 書中的手繪圖！研究顯示，人類是透過圖像來學習的。事實上，大腦也是以圖像的方式在識別文字。Zuzi 這些充滿想像力的圖畫也是對本書內容的完美加分。

本書提供了一個機會，讓我們對需要改進的領域和強項做反思和評估，而這也許是本書內容中最重要的一部分。我們知道自知是很難的。如果沒有預先計畫好一些暫停的時間來進行反省，我們就無法做出改進。改進不是偶然的。研究顯示，我們每天只需幾分鐘的時間做回顧：什麼事情做得不錯，什麼事情需要改進，長時間累積下來，這些反省會帶來很多的好處。

我真的很喜歡她對 Cynefin 框架的討論。我們有必要對 Dave Snowden 的作品有更好的理解。在敏捷開發中，我們處理的是複雜適應系統（complex adaptive system），這意味著，就算只是微小的改變，我們也無法提前知道對組織、團隊或我們自己的影響為何。我們只能做測試，停下來反思，並根據觀察來做出針對下一個小改變的計畫。把長時間，甚至是幾年內的所有活動預先設想完，並寫進一份計畫的這種想法，無疑是一種癡心妄想。

我想你會喜歡這本易於閱讀且資料豐富的小書。我個人非常喜歡。

Linda Rising

與 Mary Lynn Manns 合著《Fearless Change》和《More Fearless Change》

譯者序

1992 年，周星馳的電影《鹿鼎記》中，有這樣一段：

陳近南（從懷裡拿出一本書）：「我可以教你絕世武功。」

韋小寶：『啊？這麼大一本？我看要練個把月啊。』

陳近南：「這一本只不過是絕世武功的目錄，那堆才是絕世武功的秘笈。」

這本《The Great ScrumMaster》正是一本絕世武功的目錄，薄薄的，一百出頭頁而已，不管你是 ScrumMaster 初心者，還是敏捷社群常說的「老司機」，我相信這本書都會對你有不一樣的啟發。

翻譯這本絕世武功的目錄帶給我許多感覺。

第一個感覺是，真是有緣啊。在 2017 年，這本書還沒出版前，作者 Zuzi 就提出 #ScrumMasterWay 的想法，並放在她的網頁上。在 Steven Mak 的牽線下，#ScrumMasterWay 的繁體中文版，就由我幫忙翻譯了。後來，輾轉由 Ruddy 老師那邊拿到了這本書的簡體中文版，當下我們就決定要幫台灣翻譯這本書，希望能作為台灣 ScrumMaster 的重要參考讀物之一。

第二個感覺是，看完這本書不難，但要實際用出來，難！我猜，這也是讀者會遇到的最大挑戰。

第三個感覺是，真是相見恨晚。翻譯這本書的過程也讓我審視自己這幾年擔任 ScrumMaster 的經驗。一開始，我只是單純想把一支團隊用敏捷的方式帶好，但不論用什麼方法，取得怎樣的成績，最後都還是會遇到來自成員、主管、組織架構等等的阻力，如果那時候能早點讀到本書第五、六章，甚至是活用 #ScrumMasterWay 的內容，相信都會有很大的幫助，不用自己撞的頭破血流。相見恨晚啊！

第四個感覺是，在討論導入敏捷遇到的問題時，應該要依團隊、ScrumMaster 所處階段的不同而不同。在本書第七章介紹了 ScrumMaster 的工具箱，第一個就提到「守、破、離」，其實很多問題是在「守」的階段，如果直接用「破」或「離」的方法去解決，恐怕是非常危險的。這本書其他章節也旁徵博引了很多理論與實作，可以把團隊、ScrumMaster 分成幾個階段，每個階段各自會出現不同的現象，建議讀者可以多留心，並與自己實際遇到的狀況做對照。

第五個感覺是，ScrumMaster 需要好多好多軟技能啊！在台灣，除非是社工系或是心理系，不然學校是不會教這些軟技能的，而這些軟技能是「技能」不是「知識」，不是背起來就可以的，是需要大量且刻意的練習才能累積經驗。

所以，又回到電影鹿鼎記的那段對話了：

韋小寶：『哇，用看的也要看一年。』
陳近南：「我看了三年，練了三十年，才有今天的境界。」

我想，養成一個 ScrumMaster 跟練成一套絕世武功一樣，從韋小寶等級練到陳近南等級真的需要好幾十年的時間。當然，我不是陳近南，我還差得遠。我只是很幸運的一路上得到許多陳近南的幫助：泰迪軟體的 Teddy 與 Erica、Odd-e 的 Bas Vodde、師父 Daniel Teng、Joseph、Jackson、柴叔、Lv Yi 老師，都教了我非常、非常多東西，在此用這個機會向各位老師、師父表示感激之意；還有，一定要謝謝願意讓我每天近身學習的 Ruddy 老師，我從老師身上看到了對敏捷、精實的深度思維以及培養晚輩的意願與熱情，我也期許自己能持續朝著這些方向努力邁進。

另外，也要謝謝曾一起共事過的主管與團隊夥伴們，謝謝各位對我的包容與諒解；還要謝謝在敏捷社群中可愛又熱血的前輩與朋友們，我從每次活動與聚會中也都學習了很多，希望能一起「為台灣插上敏捷的翅膀」。

能夠完成這本書，也要感謝我的編輯 Sam。

最後，要謝謝我的家人，老爸、老媽、老妹，家裡那隻很自私的黑豆，還有內人小克，謝謝你們一路上的支持與陪伴。

王泰瑞

前言

我是 Zuzi，你的新朋友和新導師。請放鬆心情聽聽我要告訴你的事情，你可以信任我。十年前，當我以一個開發人員的身份加入我人生第一支 Scrum 團隊時，我並不太喜歡這種方式。我覺得這種工作方式對我來說很怪、很尷尬。當時的我有些抗拒，和我目前大部分剛踏上敏捷旅程的客戶一樣。對當時的我來說，這是新的、困難的東西，而不管我的敏捷教練怎麼解釋，我都無法完全理解。六個月後，我被指派為 ScrumMaster，因為我當時只有 team leader 跟開發人員的經驗，我最後成為了「Scrum 團隊助理」，然後是「Scrum 團隊老媽」，我花了好一陣子才理解 Scrum 為何能如此強大，原因就是 Scrum 從頭到尾談的都是如何加強自我組織的能力。

到了那時，我才意識到一直以來我們都沒有好好解釋 ScrumMaster 這個角色。稍後在本書的其他章節，我會分享以 #ScrumMasterWay 的概念來描述這個角色。而這也回答了許多 ScrumMaster 最常問的問題：如果團隊已經是自我組織了，那 ScrumMaster 該做些什麼？

我在不同公司中擔任過許多 ScrumMaster 的教練，也傳授了許多 CSM 課程。我現在可以告訴你，「換到別的團隊」、「不做任何事」或是「總會有事需要你做的」，都不是好答案。許多 ScrumMaster 也和我當時一樣迷失。

想成為一名優秀的 ScrumMaster 從來不是件容易的事，因此我想邀請你來加入這趟旅程，讓你可以從我的經驗和錯誤當中學習。本書是擁抱 ScrumMaster 角色的最佳起點。我希望你會喜歡閱讀本書，並從中發現對你有用的部分，然後把書中的內容實際應用在工作上，屆時你也會成為一個優秀的 ScrumMaster。

誰該閱讀本書

本書是所有 ScrumMaster、敏捷教練以及想要做組織轉型的領導者的指南。本書旨在提供每一位 ScrumMaster 應該知道的一般概念及其參考，並指引你獲取一些資源，讓你可以解決困難的情境。本書刻意被設計成是輕盈而充滿圖示，讓你可以在周末閱讀而不至於在厚重的內容之中迷路，並且應該成為你尋求幫助或是後續做法的起點。最重要的是，本書也充滿了如何應用各個概念的實際範例。

要注意的是，本書假設你已經瞭解敏捷和 Scrum，並且是一位稍有經驗的 ScrumMaster，所以並不會對 Scrum 的規則與原則著墨太多。

如何閱讀本書

本書共分八章，逐步對優秀的 ScrumMaster 角色有一份認知以及理解。

在第一章「ScrumMaster 的角色與責任」中，我們會介紹 ScrumMaster 的基本職責。

在第二章「心態模式」中，我會介紹一些模式，讓 ScrumMaster 決定採取哪種模式來面對日常的狀況。

在第三章「#ScrumMasterWay」中，介紹 #ScrumMasterWay 的概念，來理解這個角色的複雜性、建立 ScrumMaster 小組的必要性，並藉由這些創造一個敏捷的組織。

在第四章「統合技能（metaskill）和能力」中，我們會談論什麼技能與核心能力可以讓你成為一個優秀的 ScrumMaster。

第五章「建立團隊」涵蓋了關於如何建立團隊的理論，並包括了與敏捷環境相關的實戰案例。

第六章「實行變革」敘述了改變的實施以及動力。

第七章「ScrumMaster 的工具箱」，本章介紹 ScrumMaster 在日常工作中可以使用的工具。

第八章「我相信 ...」對本書做一個總結。

與一般的定義相較之下，本書對於 ScrumMaster 這個角色的定義相對較廣，書中介紹了 #ScrumMasterWay 的概念，以定義優秀的 ScrumMaster 在運作上的三個層次。當一個 ScrumMaster 其實就像玩冒險遊戲一樣：你在沿途上撿到一些工具，但你並不需要在當下就知道如何使用。有時候，你需要有創意的嘗試不同的方法，採取一些看似瘋狂的舉動。有時候你可能覺得絕望，遊走在即將放棄的邊緣，但這時你又發現有另外的方法可以解決目前的情形，而且讓事情可以運作起來。就像在冒險遊戲中，你需要在牆壁上找到一個小小的裂縫以打開一扇暗門，或是用非常不一樣的方法來使用一些平凡的工具。

即使這些例子可能不符合你的實際情況，而且我們描述的框架可能在你第一次的嘗試中可能看起來不太適合，但請給這些框架第二次、甚至是第三次的機會，試著有創意的去調整這些例子，相信它會發揮作用，最終，你會成為一個優秀的 ScrumMaster。

在 informit.com 上註冊本書，便可下載附件與更新內容，並且當有修正與勘誤時，可以即時取得。請連至 informit.com/register 開啟註冊的程序，並登入或建立一個帳號。輸入原文書的 ISBN（9780134657110），然後點擊 Submit 按鈕。當註冊完成後，在 Registered Products 下可找到贈送的額外內容。

作者致謝

特別感謝家人的支持，如果沒有他們，我無法完成這本書。謝謝 Arnošt Štěpánek 坦誠直言的意見與他一直對我出難題的方式，讓我重寫了本書的部分章節。謝謝 Hana Farkaš 與 Jiří Zámečník 兩位 ScrumMaster 最後的檢查。最後我要向我曾教練過的所有 Scrum 團隊與 ScrumMaster 致謝，謝謝他們在我敏捷之旅這一路上所提供給我的靈感。

作者簡介

Zuzana Šochová 是一位敏捷教練和已認證的 Scrum 培訓講師（Certified Scrum Trainer，CST）。在 IT 業界擁有超過 15 年的經驗。她帶領了捷克第一個敏捷國際專案，致力將各地的 Scrum 團隊運行跨越歐洲及美國的時區。現在在新創公司與大型企業中，她都是敏捷與 Scrum 實踐的領袖及專家。她在電信、金融、醫療、汽車、手機與高科技軟體公司，都有採用敏捷的經驗。她一直持續使用敏捷和 Scrum 幫助歐洲、印度、東南亞與美國的公司。

她擔任過許多不同的職務，起初在生命攸關和任務攸關系統中擔任軟體工程師，然後是 ScrumMaster 和技術總監。自 2010 年起，她成為了一個獨立的敏捷教練和培訓者，專精於使用敏捷和 Scrum，作為教練教導並指引組織和團隊，並進行企業文化的改革。

Zuzi 是一位國際知名的演講者，她是捷克敏捷社群的共同創始者，該組織促成了一年一度的布拉格敏捷研討會。她是 Scrum 聯盟的認證 Scrum 培訓講師。她在英國謝菲爾哈勒大學獲得了 MBA 學位，並在捷克科技大學取得資訊科學與計算機圖學的碩士學位。2014 年她以捷克語與人合著了《Agile Methods Project Management》一書。

Twitter：@zuzuzka

Web：sochova.com

Blog：agile-scrum.com

book page：greatscrummaster.com

目錄

Chapter 01　ScrumMaster 的角色與責任

Chapter 02　心態模式

Chapter 03　#SCRUMMASTERWAY

Chapter 04 統合技能與能力

Chapter 05 建立團隊

Chapter 06　實行變革

Chapter 07 ScrumMaster 的工具箱

Chapter 08　我相信 ...

參考資料

CHAPTER 01

ScrumMaster的角色與責任

在 Scrum 和敏捷中，ScrumMaster 是最被低估的角色之一。剛開始敏捷的團隊，大概並不明白擁有一個全職 ScrumMaster 的價值，他們試著讓開發人員或是測試人員兼任這個角色，這樣 ScrumMaster 才看起來好像有在「工作」。這是對 ScrumMaster 角色最常見的誤解之一，而大多數的敏捷新手團隊都在這種誤解中糾結著。他們會說：「我們能理解團隊成員必須生產軟體產品，他們工作很辛苦，他們必須學習跨職能（cross-functionality），並且互相幫助、彼此合作。我們也對產品負責人這個角色感覺不錯，因為這個人必須定義願景，並與客戶協商需求。但 ScrumMaster 呢？他是幹嘛用的？」因此在這樣環境下的 ScrumMaster 往往最終變成團隊的秘書——一個非常無聊的職位。這種 ScrumMaster 會處理 Scrum 板上的卡片，會親自立刻移除障礙，就只差幫團隊泡個咖啡，讓他們可以專注在工作上了。覺得似曾相識嗎？請繼續讀下去，因為這個離真正的 ScrumMaster 還差得遠。

另一個對這個角色常見的誤解是，因為公司（通常是大企業內部）要實行 Scrum，所以某個人必須要擔任 ScrumMaster。人們會說：「一定要有個 ScrumMaster 才是跑 Scrum，對吧？但我們不能讓好的開發人員或測試人員來擔任 ScrumMaster，因為他們必須寫程式或做測試。」因此在這種環境下的 ScrumMaster 通常變得懦弱、安靜且無用了，因為他們獲得「晉升」為 ScrumMaster 的資格是：他們不是好的開發人員。

請牢記，好的 ScrumMaster 不該被視為額外的開銷，就像沒有任何用處的冗員一樣。這個角色的存在應該被視為能迅速提升團隊表現的方法。ScrumMaster 的目標不僅是一支好的團隊，而且是高績效的團隊。如果已經是這樣的團隊，ScrumMaster 所發揮的成效會更高！

謹記：

- ScrumMaster 不是團隊的秘書。
- ScrumMaster 不是額外的開銷，他們可以建立出一支高績效的團隊。
- ScrumMaster 是敏捷和 Scrum 思維的專家，他真實信奉敏捷和 Scrum 是成功的正確途徑。

自組織團隊

Scrum 的一個關鍵詞是自組織團隊（self-organized team），雖然每個人都在談論這個詞，但很難理解與組織它。

自組織團隊是一個實體（entity），這個實體可決定如何處理自己日常的工作。在 Scrum 中，僅限於「我們該如何組織自己來完成短衝目標（Sprint Goal）與短衝待辦清單（Sprint Backlog），並達到大家一致同意的成效，而該成效由完成的定義（Definition of Done）來衡量」。換句話說，團隊應該不受任何外部權威力量的影響，可以決定誰該去做哪個任務、團隊成員間如何互相幫助、團隊成員什麼時候要去學新的東西，以及使用什麼樣的優先順序來為日常工作排程。

有些團隊認為「自組織」這個詞給了他們無限上綱的權力來決定世上所有事。這並不是 Scrum 對「自組織」的原意，每個團隊只能在一定的範圍內進行自組織。Scrum 的邊界是由流程所決定的，這個邊界指的是：短衝目標、待辦清單與最終交付的有效產品。

如果某些團隊成員對某些事情感到不悅，團隊內的每個成員都必須一起討論、相互理解，然後改變他們協作和互相幫助的方式。自組織團隊最重要的特點是每個成員的心態：一個好的團隊態度應該是以「我們」而不是「我」為考量，例如「我怎麼幫助團隊解決這個問題？我能替其他人做些什麼？」而不是「我不知道這是怎麼了？這不是我的問題」。

自組織的團隊是一個有機體。每個團隊成員都會影響其整體運作機制的強弱。自組織團隊不僅是由幾個人所組成的一個群體而已。當一個團隊成員願意承攬責任，並開始對整個自組織團隊負責，而不只是對自己負責，那麼，離成為優秀團隊的一員，便又更接近了一步。

ScrumMaster 的角色是支援整個團隊，而非個人的一些行為。他藉由不斷的提醒每個人：「團隊是一個生命共同體，而且團隊比個人重要」而建立起具有這樣意識的組織。他也必須時常鼓勵團隊成員彼此幫助，而非躲在各自的工作任務後頭。

一盤散沙

強恩很沮喪，同樣的老問題一次又一次的發生。因此，他走向團隊並說：「系統又不吐資料給我了，你們有沒有辦法解決這個問題？」

看看團隊的反應：

弗雷德：「呃……那真是太糟糕了。」
吉　恩（暗想）：好加在我當初沒有選那件任務。
朗　恩：「我昨天試的時候還沒有問題。」
潔　妮：「昨天晚上我重開電腦之後好像有用。」

總結：這反應非常糟糕，現在強恩要獨自面對這個問題了。這成了他的責任，因為其他人各自有各自的事情要忙，他們可能會給一些建議，但沒有人從更高的視角來看待這整個問題，並承擔起責任來解決它。

真正的團隊

強恩很沮喪，同樣的老問題一次又一次的發生。因此，他走向團隊並說：「系統又不吐資料給我了，你們有沒有辦法解決這個問題？」

看看團隊的反應：

吉　恩：「我查一下 Git，看看是不是有人做了更動。」

潔　妮：「我用我這邊的電腦試試，如果發生一樣的狀況，我們可以一起研究。」

朗　恩：「這個問題太常發生了，有點煩。我來想想看怎麼加一些自動化測試，早一點把問題找出來。」

弗雷德：「你說得對，我來幫你做自動化測試。」

總結：團隊成員相互討論，解決問題。他們不只是給予建議，而且也準備好做一些做法來解決問題。他們從整個團隊的角度來看待問題，並提出可以幫忙團隊的想法。

練習：自組織團隊

以一個團隊成員的角度回答以下問題（選一個你最喜歡的選項），進而評估團隊：

對於團隊成員而言，最重要的事情是：

a. 在承諾時間前做完手上的任務，因為其他人都靠它做事。

b. 需要提供協助時，先看看自己有沒有時間。

c. 幫助團隊完成任何需要完成的任務。

有關團隊成員的效率：

a. 是關鍵。每個人都要盡可能提高效率。

b. 是重要的。但有時還是必須協助自己不了解的事情，並從中學習。

c. 是不重要的。唯一重要的事情是，整個團隊所交付的整體價值。

如果團隊遇到了外來的阻礙：

a. 求助於主管 / 團隊的領導者，由他們告訴我們該怎麼做或是如何解決。

b. 求助於 ScrumMaster 來幫我們解決。

c. 團隊討論，研究如何克服它並讓它成為我們的助力。

當有一個任務似乎太過困難時：

a. 保持沉默，等待有人來接手。

b. 把任務交給團隊內最有經驗的人，因為這很明顯是他的責任。

c. 表達自己的擔憂，並且全體討論，研究如何讓整個團隊完成這個任務。

當有一個團隊成員在抱怨某件小事時：

a. 這顯然是我們不在意的小細節。

b. 全體投票決定該怎麼做。

c. 好奇的問他為什麼對這件小事感到沮喪。

我的同事對我不認同的事情堅持己見時：

a. 我用我的方式做，他用他的方式做。

b. 請資深的架構師支持我的論點。

c. 試著了解同事的做法，並與團隊討論兩個方法的優缺點，直到達成共識。

選 a 得 0 分，選 b 得 1 分，選 c 得 2 分，並計算總分。七分或以上代表你的團隊真的達到自組織的標準。

ScrumMaster 的目標

ScrumMaster 其實有很多責任，但因為大家很難把它串連到傳統世界的任何角色，所以不容易理解他整天在做些什麼。優秀的 ScrumMaster 必須練習軟技能，並且是個好的傾聽者。他們也必須是敏捷和 Scrum 的專家。如果他們實際帶領過 Scrum 團隊，或是在 Scrum 環境裡工作過會更好。否則他們很難在各個層次，都把敏捷思維（agile mindset）和自組織（self-organization）當作一般原則來執行。

那麼到底 ScrumMaster 的目標是什麼？ ScrumMaster 希望建立一個自組織的團隊，並把自組織當作是公司的關鍵原則，在公司的各個層級執行。自組織會帶來所有權（ownership）和責任感，會讓人們變得更積極、更盡責。它給了人們提出解決方案的機會，讓整個團隊更有效率。自組織是高效率團隊的關鍵，這是長期的效果，不是短期的。當需要的時候，自組織是一個用來改進與調適流程、溝通與合作方式的機會。它會養成高度自發性的人們，而當自組織使用在一群人身上，會幫助這群人形成一個團隊：一個目標一致且不論身份的團隊。

相反的，如果 ScrumMaster 把重點放在其他地方，並當作是責任的話，他們最後會變成秘書、顧問、主管或是一個無用的「無所事事、可以被忽略」的角色。

謹記：

- ScrumMaster 的目標是鼓勵自組織。
- ScrumMaster 是教練與引導者。
- ScrumMaster 不對「交付」負任何責任。
- ScrumMaster 不是團隊的秘書，但應該幫助團隊排除障礙。
- ScrumMaster 鼓勵團隊要承擔責任。

ScrumMaster 的責任

ScrumMaster 的責任包括：

- 鼓勵團隊勇於承擔責任並支援團隊的單一認同與目標。
- 實現合作與公開透明化。
- 鼓勵團隊接手進行，進而移除障礙。
- 了解敏捷與 Scrum 的思維，並持續自我學習。
- 維持敏捷與 Scrum 的價值，幫助他人了解並遵循 Scrum。
- 當需要時，保護開發團隊。
- 使 Scrum 會議順利進行。
- 幫助團隊變得更有效率。

兼任其他角色的陷阱

如果 ScrumMaster 兼任其他角色，他必須善於角色區分。他們在行動或說話時必須選擇其中一個身份，就好像一次只能戴一頂帽子一樣，否則他們的立場就模糊了，同時也會讓其他角色都受到傷害。以下幾個例子是 ScrumMaster 兼任其他常見角色時的優缺點。

ScrumMaster 兼任團隊成員

缺點：ScrumMaster 與團隊成員的角色牽扯得太深，會讓 ScrumMaster 缺少系統觀點與系統思維的能力，結果通常是較缺乏領導力與變革管理的技能。也因為他是團隊的一員，所以通常不太願意去改善團隊，尤其是當團隊不能準時完成短衝（sprint）時。他也常常缺乏把團隊提昇一個層次的能力。

優點：ScrumMaster 是團隊的一員，他與團隊成員之間會形成互信。也因為這樣的 ScrumMaster 通常對 Scrum 的基礎知識與團隊的弱點有充分的了解，在執行完測試或完成使用者故事後，通常可以在反省會議中輕易指出這些弱點和問題。

結果：ScrumMaster 通常會被視為較不重要的角色，而且通常不復存在。ScrumMaster 被降級到沒事做的團隊助理層次，反正他都沒事好做了，為什麼不去分擔團隊的開發工作呢？

ScrumMaster 兼任產品負責人

缺點：兼任這兩個角色會造成巨大的衝突，因為 ScrumMaster 與產品負責人的目標是不同的：ScrumMaster 永遠不應該對交付負責，而那卻是產品負責人的主要目標。在商業需求與團隊自主性之間是有衝突的，這涉及如何在長、短期的改進和結果之間取得平衡。

優點：兼任產品負責人的 ScrumMaster 較有可能被視為是團隊的一份子。

結果：大多數情況下，ScrumMaster 的角色會被忽視，而產品負責人的角色會控制一切，這樣的團隊通常缺乏對 Scrum 知識的了解與自組織的能力。

ScrumMaster 兼任主管

缺點：這樣的 ScrumMaster 常常是命令式的，仰賴於導師式的指導而不是教練式的引導。他與團隊之間經常缺乏信任。

優點：一個好的主管是領導者，具有變革管理方面的經驗，因此在轉型期可以較快跟上腳步。

結果：ScrumMaster 的角色通常變得較不重要，但在某些文化中（不是命令式的且較不依賴流程的文化），這會是啟動敏捷轉型的絕佳機會。但是，因為大部分管理者的夢想工作並不是成為一位 ScrumMaster，而是成為整個組織的領導者，所以他們只會短期暫代 ScrumMaster 的角色。雖然有這些好處，但是通常由主管兼任 ScrumMaster 的團隊是由主管來做決策、修復與安排事情，而團隊就沒有機會做這些事了，這常會導致團隊缺乏自組織能力、自信心與所有權。

同時擔任多個團隊的 ScrumMaster

缺點：跨多個團隊的 ScrumMaster 會很忙，時間會不夠用，因為即使是彼此獨立而不相干的問題也會經常同時發生。由於 ScrumMaster 時間不夠，所以無法在早期引導討論，進而避免衝突擴大，這些原因都會讓這個工作變得更艱難一點。

優點：ScrumMaster 會學得很快、成長得很快，並在解決困難的問題上變得更有經驗。一般來說，會建議一個 ScrumMaster 同時照顧兩個團隊，最多最多三個。大多數的情況下，三個團隊就已經太多了，因為這樣的 ScrumMaster 會缺少防止衝突的關鍵資訊，而無法將團隊提升到下一個層次。

結果：這樣的 ScrumMaster 會有較多的經驗，也因為他知道每個團隊都是不一樣的，所以通常在系統思考方面較佳。也因為他在不同環境中的經驗，他較有可能在不同的文化裡成功實做 Scrum 框架。他也比較可能進一步把 Scrum 擴展到整個組織，而不是只拘泥在開發團隊的層次而已。

謹記：

- 同時支援兩到三個團隊的 ScrumMaster 是唯一推薦的組合。
- 產品負責人不該擔任 ScrumMaster。這兩個角色的目標是互相衝突的。
- 同時兼任主管與 ScrumMaster 經常造成信任不足，並使團隊太依賴主管的決策，而不是他們自己承擔責任。
- ScrumMaster 不該是團隊成員。這樣的 ScrumMaster 會看不清楚全貌，且在大多數情況下，ScrumMaster 會較喜歡去做團隊的事情，而不是 ScrumMaster 的責任。
- ScrumMaster 無論何時應該只專注於一個角色，而不是把這些角色混在一起，這是成為一個優秀 ScrumMaster 的唯一途徑。

ScrumMaster 是僕人式領導者

大多數 ScrumMaster 都會遇到一個問題：「在短衝時，ScrumMaster 到底該做些什麼？」

我會在接下來的章節做說明，但在這裡先說一個最重要的事：ScrumMaster 是一個具有領導力的角色。ScrumMaster 的目標之一是讓其他人工作的更好，這不只是把焦點放在一個團隊而已，而是整體組織。你是否對於 ScrumMaster 也必須是個領導者而感到驚訝呢？但事實是，ScrumMaster 不只是懂 Scrum 的人而已，遠遠不僅於此。比起短期的硬性指標，ScrumMaster 更關心長期目標與策略。真正的領導者並不是由出勤時間表所驅動的，他們是有願景的、是有創意的、是能自我驅動的。你可以把 ScrumMaster 稱為「僕人式領導者」，其實這些道理在中國古代哲學中都有提到過：「把團隊放在第一位，而把自己放在第二位」[1]，以及如何讓自己在以下方面進步：

- 傾聽他人
- 同理心
- 治療關係
- 領導者的洞悉與自我覺察
- 不行使職位的權威去說服他人
- 概念化——用內心掌握事物大致樣貌的能力，且思考能夠超脫日常現實與短期目標。
- 先見之明——一種直覺，讓你能夠從過去的教訓連結目前的情況，並應用於未來的決策。
- 管家式服務——保持開放的心態並服務他人。
- 承諾他人的成長
- 建立社群，並以社群做為可行的生活型態 [2]

謹記：

- **ScrumMaster 是一個具有領導力的角色。這個角色的成功需要創意、願景與直覺。**
- **好的 ScrumMaster 具備同理心，是一個良好的傾聽者並且隨時準備好治療與修補關係。**
- **優秀的 ScrumMaster 不只關心他的團隊，而且有能力跨越組織並建立社群。**

練習：你是僕人式領導者嗎？

把自己視為 ScrumMaster，將下列僕人式領導者的特徵，用 1 到 10 做自我評分。1 分代表「我完全沒有這項特徵」；10 分代表「這是我的最強項」。

- 傾聽他人
- 同理心
- 治療關係
- 領導者的洞悉與自我覺察
- 不行使職位的權威去說服他人
- 概念化
- 先見之明
- 管家式服務
- 承諾他人的成長
- 建立社群

你想在哪一個項目上進步最多，為什麼？

維持一步的領先

任何變革都是困難的，每個人都以不同的方式來面對變革的發生。你可以在成員身上看到對變革的抗拒，你也可以在團隊或是組織的層級看到類似的現象。ScrumMaster 的工作之一，就是在各式變革中作為一個嚮導，這些變革可能包括了敏捷轉型、新的合作方式，或是新的實作方法。作為一個好的嚮導，ScrumMaster 必須領先團隊和組織不多不少正好一步，將他們從舊有的習慣、規範和習俗中拉出來。如果 ScrumMaster 跑得太前面，團隊可能會聽不懂 ScrumMaster 在說什麼；另一方面，如果 ScrumMaster 與團隊處於同一階段，那他就不會去挑戰現狀，而團隊也就不會進步了。

在變革的第一階段，ScrumMaster 要克服相當多的反對與抵抗，大家會說「我們現在就很好了。」他們不想要改變，也覺得不需要改變。所以在這個階段，要他們去接手一些事情的所有權（ownership）與一些活動，結果一定會是失敗的。

經過一段時間，有人開始會說「這些都很棒，但並不適合我們。」他們已經嘗試了新東西，但因為對他們來說改變真的不是那麼容易，所以他們還是情願回到改變之前的狀態。

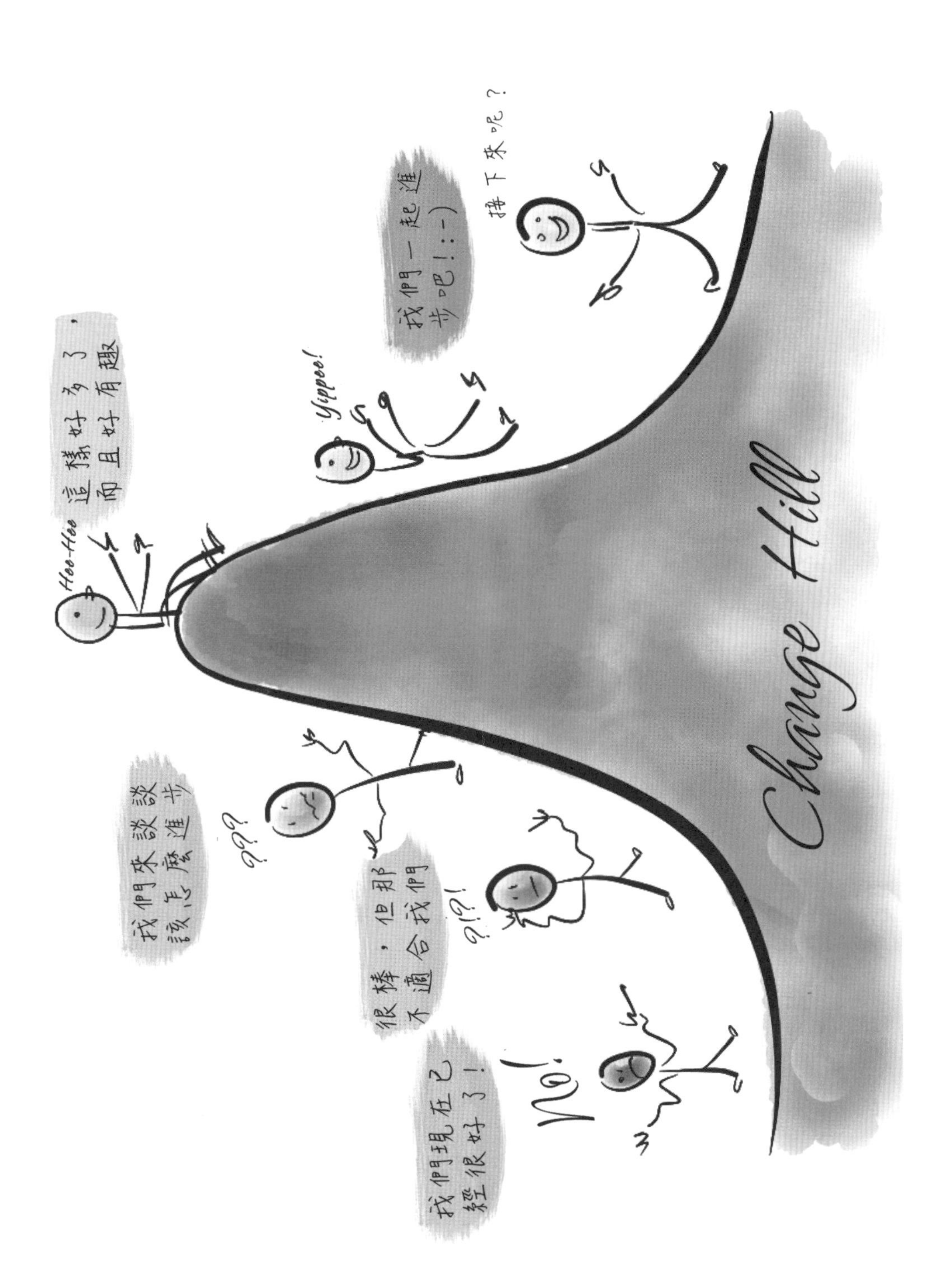
我們現在已經很好了!
No!
很棒，但那不適合我們
?!?!
我們來談談該怎麼進步
???
Hoo-Hoo
這樣好多了，而且好有趣
Yippee!
我們一起進步吧!:-)
接下來呢？
Change Hill

再經過一段時間，當你們一起克服了最大的問題，人們又會說「我們來聊聊怎麼再進步，因為我們不想回到過去了。」這就表示處於一個很不錯的狀態。

最後，他們成功了，他們會慶祝「現在的我們比之前的我們好太多了！」然而這裡有一個很大的陷阱，他們都對目前的成果感到開心，但是卻容易停止進步而維持現狀。這時 ScrumMaster 的職責就是先讓他們享受一下這個時刻，然後催促他們做更多的試驗、做出更多對流程的適應和改變，以及更多的改善。

謹記：

- ScrumMaster 是在敏捷轉型過程中的嚮導。
- ScrumMaster 應該只領先團隊和組織一步，將他們拉出舊有的習慣和習俗。

給優秀 ScrumMaster 的提示：

- 專注於自組織；這是你的終極目標。
- 不要兼任不同的角色，要成為一個全職的 ScrumMaster。
- 相信人們；相信他們憑自己就做得到。
- 在敏捷轉型過程中成為一個好的嚮導，保持領先，但只有一步。
- 相信敏捷與 Scrum。優秀的 ScrumMaster 是對敏捷最熱衷的人。
- 優秀的 ScrumMaster 是僕人式領導者。建立社群、治療關係，並且傾聽他人的聲音。

CHAPTER 02

心態模式

根據團隊與公司採用敏捷的狀況不同，ScrumMaster 的手法也應該要跟著不同。ScrumMaster 可以使用 ScrumMaster 的心態模式 [3] 來幫助做出決定使用哪種手法。這個模式包含了四個核心方法：

- ♦ 教學與輔導
- ♦ 移除障礙
- ♦ 引導
- ♦ 教練法

我將用以下幾頁逐一解釋這些方法。

由於每個團隊的成熟度與需求的不同，ScrumMaster 會比較頻繁使用某幾個方法。雖然在每個團隊的發展階段，那些方法都是有用的，但 ScrumMaster 應先專注於可幫忙達到當前目標的幾個方法，然後慢慢朝自組織的終極目標邁進。

說明完這個模式之後，後面會提供幾個真實案例，描述 ScrumMaster 的心態模式如何發揮作用。

教學與輔導

一般來說，教學與輔導是有關於分享敏捷與 Scrum 的經驗，並且用自己的經驗來建議更多的實踐與方法。在敏捷轉型之初，ScrumMaster 要一次又一次地解釋敏捷與 Scrum，因為只講一次可能不夠讓團隊了解為什麼要採用敏捷與 Scrum，也可能不足以讓團隊知道敏捷與 Scrum 該怎麼運作。當團隊變得成熟後，教學與輔導就會著重在實際體驗，與建議更多新的實踐方法，而不只是單向的教學。當然，無論如何，教學仍然是 ScrumMaster 很重要的工作之一。

移除障礙

優秀的 ScrumMaster 應該問自己一個問題來作為一天的開始：「我能做些什麼來讓我的團隊更簡單的執行工作？」幫助他們的方法之一是移除障礙，使他們能有效率的工作。

但是，ScrumMaster 不是任何行政職，所以移除障礙的方法是，把責任、活動與所有權下放給團隊，這樣一來，他們就可以自己著手去解決問題。如果 ScrumMaster 不給團隊機會來接手做這些事情，ScrumMaster 就會成為他們的「老媽」，不斷寵愛、照顧那些「孩子」，讓他們成為了缺乏自信的成年人，甚至到了 30 多歲還仍然依賴著媽媽。

所以，ScrumMaster 應該移除障礙嗎？是。但採取的方法是：在背後支持團隊，讓他們自己尋找答案。ScrumMaster 可以從解釋自組織是什麼開始，並帶到為什麼自組織對 Scrum 來說很重要，然後以教練法或是引導法繼續進行下去。

引導

引導（facilitation）的意思是，確保團隊的會議都很流暢地進行，並且溝通是有效率的。因此，每個會議或是對話都應有一個明確定義的目標，有可交付的結果以及預期結果的大致樣貌。引導是有一套規則的，這個規則建議：你永遠不應該干擾討論的內容或是解決辦法本身，你只是在掌控討論的流程。

謹記：

- 引導（facilitation）讓溝通更有效率。
- 定義目標與可交付的、預期的結果。

教練法

教練法（Coaching）可能是成為一個優秀的 ScrumMaster 最重要的技能。這需要大量的練習與經驗，但當你熟練了，它會是不可思議的強大。在 Scrum 中，此教練技能不只專注於成員個人的成長，也包含了團隊的自組織、責任感與所有權。

謹記

- 教練法比解釋、分享經驗或是給建議更為強大。
- 目標不是短期內的速度，而是長期的進步。

舉例說明：開始敏捷

團隊處於剛開始轉型的階段，他們剛剛上完 Scrum 的訓練課程，但他們仍不懂這到底是什麼東西，他們抱怨 Scrum 對他們來說不是正確的方法。

這時候，正確的做法是「反覆地」再從頭解釋一遍為什麼要 Scrum、你從這樣的改變中希望看到什麼、整體是怎麼運作的、以及每個 Scrum 的會議與產出物等等。為了要成功，團隊成員必須了解 Scrum 背後的動態與原則，如果 ScrumMaster 只是在旁引導，那成功大概不會來得太快。如果 ScrumMaster 用教練的方法，會讓團隊迷失，因為他們不知道怎麼進步，例如：每日站立會議怎麼樣可以開得更好？

舉例說明：障礙

團隊承擔了責任，但他們正面臨一缸子問題。

最簡單的方法是，ScrumMaster 接手這些問題，並替他們移除障礙，但等等，這樣一來，如何能達到 ScrumMaster 的終極目標──自組織呢？顯然無法。所以 ScrumMaster 必須採取比較緩慢、比較痛苦的方法，用教練法讓團隊認清：其實大多數的阻礙，團隊自己就可以處理了。如果 ScrumMaster 不這麼做，那麼很快的，他就會變成團隊的秘書，而團隊也變成了一個缺乏自信的群體，永遠在等待某人去修正某些東西。

在會議與討論過程中，適當的使用引導也會有幫助。

舉例說明：停滯不前

團隊已經在 Scrum 環境中工作了很長一段時間，他們或許不是個好的「Scrum 團隊」，但他們對目前的狀況感覺還 OK，自我感覺良好。

此時最佳解是教練法。在教練的過程中，能夠把可以進步的機會展現出來給團隊知道，同時也讓團隊先看到他們自己的問題。如果這時候 ScrumMaster 用教學與輔導的方式開始，團隊大概不會接受並且回應：作為一個自組織團隊，我們自然有一套我們自己的做法。此時，ScrumMaster 的存在並不是用來告訴他們怎麼做，在某些狀況下，團隊會拒絕接受這樣的 ScrumMaster，而這樣的 ScrumMaster 最終就只好離開了。

舉例說明：責任

團隊表現十分良好，差不多步上自組織的軌道。要記住，作為這個團隊的 ScrumMaster，你的引導能力是團隊成功的必要條件。這也是 ScrumMaster 用來進一步增強他們的合作關係、使團隊更有效率的方法。

儘管如此，這也是你開始改變做法的正確時機。ScrumMaster 所應該做的只是先退一步，讓團隊自己進行會議。你不要卡在中間、不要帶頭、也不要指定下一個說話的人。只要到場，並準備用自然的方式引導他們、給他們空間、相信團隊，他們一定會成功的。如果討論的方向錯誤，就以教練法教導團隊，讓團隊指出真正的問題並進行改善。要記住在這個階段，你不可以消失，你必須依然在場，仔細的聆聽，意識現在正在發生什麼事情，而且隨時準備好去幫忙團隊。

練習：心態——現在

了解 ScrumMaster 心態模式的所有方法，並思考在何時使用該方法會是有用的，而何時使用該方法是不合適的。

教學與輔導

移除障礙

引導

教練法

拼圖中少了的一塊

雖然 ScrumMaster 心態模式裡的所有方法都是很重要的，但在你成為優秀的 ScrumMaster 的旅程上，仍然少了一塊重要的部分——觀察。如果你把握機會，安靜地讓團隊接手正在進行的活動，並持續觀察他們幾分鐘，然後才站出來教學或解釋他們應該怎麼做、引導他們之間的對話、教練他們讓他們自己做決定，或是試著讓他們自己去移除障礙進而修正問題。如果你能抑制自己盡速解決事情的衝動，那麼你就會離自組織團隊的終極目標更近一步。

所以，ScrumMaster 的心態模式之所以重要，是因為它強迫你後退一步，回到觀察者的角色，並思索接下來要採取的方法以及理由。西方有句格言說，傾聽是溝通與決策過程中最重要的一環，不是沒有道理的。

當你在教學、引導、教練與移除障礙時，意識到「傾聽」可以大幅改善最終成果，那麼你將會發現，如果你熟悉了這個心態模式，某些特別的情況可以有不同的做法。

謹記：

- ♦ **觀察、聆聽，且不要打擾，是 ScrumMaster 最重要的工作面向。**
- ♦ **在任何活動之中，諸如教學、引導、教練與移除障礙，最好的做法是等到情況明朗之後，再採取行動。**

練習：心態——未來

哪些方法你會比較常使用？為什麼？

☐ 教學、輔導、分享經驗以及給予建議

☐ 移除障礙

☐ 引導

☐ 教練法

☐ 觀察

為什麼？

____

____

CHAPTER 03

#SCRUMMASTERWAY

Scrum 只定義了三個角色——ScrumMaster、產品負責人和開發團隊，後面兩個角色的作用通常很容易理解，因為可以與公司現有的角色做連結，但 ScrumMaster 這個角色就令人困惑了。

為了讓大家更能理解 ScrumMaster 這個角色，我設計了 #ScrumMasterWay，它包含了三個層次，可以讓你成為一個優秀的 ScrumMaster。這個觀念可以幫助 ScrumMaster 在任何時候都可專注於正確的組織層次，並把他們從開發團隊的觀點拉出來，而把眼光放在產品與整體組織上。

在以下各節中，會描述各個層次，但在開始之前，先試試這個練習：

練習：#ScrumMasterWay

以 ScrumMaster 的觀點，完成以下問題（單選）：

對我而言，最重要的是：

a. 擁有一個遵循 Scrum、快樂的、有效率的開發團隊。

b. 與整個產品團隊成員建立起良好的關係，這些成員包括：產品負責人、一或多個開發團隊、主管與其他的利益關係人。

c. 幫助整個組織擁抱敏捷的心態。

產品負責人應該：

a. 不歸屬於任何團隊，他不應該參加短衝自省會議。

b. 是我的夥伴，而我提供協助。

c. 與其他產品負責人一起形成一支自組織的團隊，這個團隊會處理產品組合（Portfolio）的事務。

對於其他需要我們支援或提供意見的團隊：

a. 用「他們」作為稱呼，因為我們不關心、不在意他們的需要。

b. 必須請產品負責人把這些支援擺到待辦清單中。

c. 是自家公司的一部份，而我們彼此協助。

我期待主管：

a. 不參加團隊的任何會議。

b. 幫助我創造適合的環境並移除一些障礙。

c. 支援我、讓我學習，並鼓勵我想出創新的方法來改變組織。

我期待得到：

a. 一份期待，有明確可測量的目標，讓我知道應該做到哪裡。

b. 一個機會，目標是讓團隊長期成功。

c. 一份自由，讓我想出創新與有創意的點子，甚至是與我們團隊關係不大的。

一群 ScrumMaster 是：

a. 沒用的，因為我不需要其他 ScrumMaster 做我的工作。

b. 有用的，因為我們可以彼此幫忙，分享經驗。

c. 是最重要的一群人，因為我無法獨自「改變這個世界 / 組織」。

以上問題，如果你選的是 a，那你屬於第一層次；選 b，是第二層次；選 c，是第三層次。（關於這些層次的定義會在接下來的章節中闡述。）

第一層次——我的團隊

在這個層次的 ScrumMaster 會覺得自己的責任是開發團隊，這是常見的。大多數上過訓練課程、剛開始使用 Scrum 理論的新手 ScrumMaster 都會發生這種情況。在課堂上，他們其實就已經開始糾結於某些問題，例如：我怎麼讓我自己每天都發揮作用？

這個問題的答案要回到 ScrumMaster 的終極目標：建立一個自組織的團隊，並且讓他們擁抱 Scrum 的價值觀與敏捷的心態。這並不是短期的任務，而是長期的活動。要記住，第一步是讓你自己能夠自在的使用 ScrumMaster 心態模式裡的傾聽法，觀察團隊並且壓抑住想自己親手移除障礙，以及給予建議的衝動。

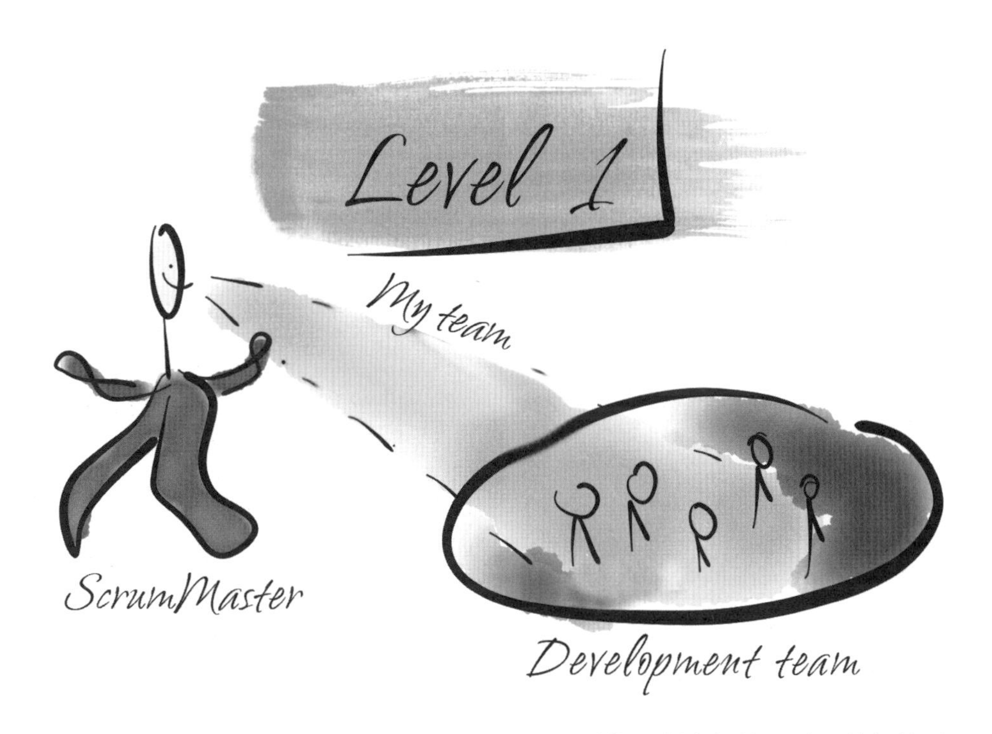

在轉型初期，你會發現自己忙於處理開發團隊的反對與抵抗，以及他們缺乏了解、所有權、責任感與經驗而造成的問題。當你闖過這關，另一個問題就跑出來了：當團隊終於達到自組織之後，我該做些什麼？

這是個完全合理的問題，因為在轉型初期的 ScrumMaster 會花比較多時間在教學和解釋上，或許他自己也會去移除障礙。但到了某個時間點以後，就不需要做這些事了，也不需要在團隊的討論和會議上作引導。例如，每日站立會議是個很簡單的會議，這個時期的團隊自己進行即可，已經不需要 ScrumMaster 了，這時 ScrumMaster 要準備好跨到下一個 #ScrumMasterWay 的層次，那裡還有好多事情正等著你去做。

謹記：

- 以 #ScrumMasterWay 的第一層次來開始做轉型是好的，但這只是你步上優秀 ScrumMaster 之旅的開端而已。

第二層次──關係

你覺得團隊狀況不錯，是時候提升到第二層次並注重關係了。在這個層次的第一個任務是創造一個前後一致的、有自信的、整合了產品負責人的 Scrum 團隊，並且在這三個 Scrum 角色之間建立平衡的關係。

完成這個任務後，你的下一步是把重點放在 Scrum 團隊所有與外部的關係與連結，這包括客戶、使用者、產品人員、行銷、後勤單位、其他團隊與主管，你要進行各種努力，把自組織的概念應用到每個人身上，在與你合作、共事的同仁之間建立自組織的團隊，這可能會牽扯到大規模 Scrum 框架的實作（會在之後的章節闡述），而把焦點放在整體的溝通與資訊的流動。

ScrumMaster 在開發團隊層次當中，用來解釋 Scrum 的能力，會在這個層次成為很好的背景技能，關鍵是 ScrumMaster 是否真的了解 Scrum 的定義。這裡說的定義不只是那些會議、角色、產出物等等，還有更深層的文化、哲學與心態。在這個階段，你必須把 Scrum 視為一個經驗導向的流程。把它想像成一個遊樂場，這個遊樂場四周有邊界環繞，對於玩法也有一般性的規則，但玩法上的細節是由團隊來決定，而且每個團隊的玩法都不一樣。

在這個階段，要建立具有更多彈性的團隊，來接手某些特定領域的所有權與責任。其中有的團隊解決問題以後會慢慢淡出消失，有些團隊則會持續存在較長一段時間。在這個階段，你必須把與人合作時，那些持續改進且不斷使用的方法，融入到你的環境中成為重要部分。

謹記：

- 開發團隊與 Scrum 團隊不是敏捷組織中的唯二團隊。
- Scrum 是一種心態、文化與哲學，而不只是一套固定不變的實踐方法。

第三層次——整個系統

#ScrumMasterWay 的最後一個層次會專注在組織或是組織的一部份，並將它視為一個系統。在這個層次，你會希望引導你的組織，把你的工作轉變成創造繁榮的、可永續經營的、能激勵人心的以及能為社會創造價值的一塊天地。這其實也是 Scrum 聯盟（Scrum Alliance）的任務。

第三個層次的 ScrumMaster 把注意力轉移到整個系統，把敏捷的心態與 Scrum 的價值帶進公司的層級，這能幫助組織改變對待員工的方式、管理與領導的風格、產品的所有權與策略，所以組織會變得更有彈性且更能接受改變。

對於 Scrum 的新的理解與定義是「一種生活方式」，ScrumMaster 會體現出這種生活方式，並讓它成為一種文化與哲學。你將體認到這不只是一種工作方式，而且也可以應用在你的私人生活上。這並不是在說，開一些家庭成員的站立會議、有一個整個家庭的待辦清單，或是其他類似的東西。這裡講的是態度、原則跟方法。

這個層次的 ScrumMaster 會蛻變成敏捷教練或是企業教練，來幫助組織變得更有效率、增加滿意度與更加成功。不管情況如何，ScrumMaster 都要能覺察在這三個層次中目前的狀態為何，並因情況不同，採取不同的行動。記住，除非在前一個層次已經做得很好了，才可以前進到下一個層次。

謹記：

- ScrumMaster 猶如敏捷與企業的教練，改善整個組織。
- Scrum 與敏捷是一種生活方式。
- 首先在開發團隊的層次做修正，然後改善關係，最後到整個系統的層次。
- 確定你持續把注意力放在較低的層級，以便讓它們隨著時間改善，慢慢與最高層次靠攏。

給優秀 ScrumMaster 的提示：

- 先觀察，然後決定用哪個 ScrumMaster 心態模式的方法。
- 遇到障礙時，藉由幫助團隊的方式，讓他們自行移除。
- 引導不只是進行會議、讀書，或是去參加引導的課程而已。
- 教練法跟你的經驗沒有關係，而是如何問出好的問題。
- 在 #ScrumMasterWay 的三個層次都要進行工作，不要只停留在開發團隊的層次。
- 敏捷和 Scrum 是優秀 ScrumMaster 工作與生活的方式。

ScrumMaster 小組

如果你要你的組織邁向下一個層次，從底層開始到整體，都建立起自組織、高機動性、高活動性，以及高度所有權，你就會需要一群強大的 ScrumMaster 作為組織的核心團隊，這個團隊必須支撐著整個組織的敏捷性。如果這個團隊處在 #ScrumMasterWay 中「我的團隊」層級，那麼這個團隊會一直在進行創造與改善。用這樣的方法當起手式自然很好，但對於「改變工作方法」的目標而言，就不會是一個優良的成長策略。就算能夠增設一個敏捷教練的職位幫助也不大，因為就算是最厲害的敏捷教練也孤掌難鳴，無法以一個人的力量改變整個組織。你需要一個自組織的團隊。因此，建立一個由 ScrumMaster 所組成的小組，就是一個最好的開始。

ScrumMaster 團隊的目的是幫助他人做好邁向系統層次的準備，以便讓所有人一起把焦點放在整個系統上。問題是如何把不同的人拉進來？如何橫跨整個公司的組織架構，建立虛擬且經常是臨時的自組織團隊？如何使人們參與並擁有所有權？

組織即系統

使用傳統方法而使「達到下一個敏捷狀態」失敗的原因，是因為它沒有以自組織為基礎，而且也不把整個組織視為一個系統，而看作是一種階層架構。剛開始成為敏捷教練的 ScrumMaster 通常會很糾結於把組織視為一個系統的概念，原因是傳統階層架構的概念通常已經深植在腦中。他們還是可以使用 #ScrumMasterWay 前兩個層級的方法，諸如組織工作坊、進行解說、帶進新觀念以及在團隊層次所進行的教練法，但他們仍無法把組織視為一個系統。

你會需要在組織或企業層級使用教練法，而且你的目標絕對不會是短期，或是任何直接簡單的那種。你要做的是遵循組織與關係系統教練（Organization and Relationship Systems Coaching, ORSC [4]）的相關法則。你可能要做一些實驗，帶著玩興及好奇心，試著用不同的方法來刺激反應，系統就會給你一些回饋，然後你要做的只是相信每個系統天生就是有創意且有智慧的，所以在這個系統裡的人們並不需要你來告訴他們要做些什麼，他們自己會知道。然而，他們可能在一開始會看不清楚，所以他們需要你作教練來挑戰現狀，並把你從不同角度所看到的事情攤開在他們面前。

建立一個 ScrumMaster 團隊看起來簡單，但實際上卻很難。接下來會用典型的情境來解說過程。

謹記：

- **要改變工作方式，你必須調整你的風格跟做法。**
- **要提升公司到下一個層次以及建立敏捷組織，第一步是打造一個可靠的 ScrumMaster 團隊。**
- **每個組織都是一個系統，這個系統天生就是有創意且有智慧的，系統中的人們會自己知道該做什麼。**

首次嘗試

有些事表面上看起來很簡單：「我們有一群 ScrumMaster，就讓他們定期開個會，然後想辦法組織成團隊就可以了」。他們平常就在教導自組織，並且應用在團隊上，所以他們把自組織應用在這個 ScrumMaster 團隊上，應該也很容易吧？但你一旦提出這個想法，你會驚訝地得到一大堆反對聲浪：

「為什麼？我覺得這樣的團體沒有價值。」

「我不需要其他的 ScrumMaster 來幫助我跟我的團隊，他們和我們不一樣，問題也不相同，所以我們必須各自有不同的策略。」

「當我在糾結的時候，能夠從別人那邊得到建議是很好，不過等到我遇到這種情況，再直接走過去問就行了。」

很明顯的問題是出在這些 ScrumMaster，大部分都在 #ScrumMasterWay「我的團隊」的層次上工作，所以這些抱怨是極為合理的。

第一步做法是向 ScrumMaster 解釋他們的角色，在 #ScrumMasterWay 模式當中的定位，然後你就可以開始著手建立一個 ScrumMaster 的團隊。在初期可能只有一小部分的 ScrumMaster 準備好移動到下個層級，沒有關係，這是很正常的。

記住，對他們大部分人來說，這是很大的一步。你正要求他們離開固有的世界，在那個世界中，他們可以從主管那邊得到明確且可測量的目標——例如「應用 Scrum 並把團隊變得更有效率」——可是現在卻要求他們進入另一個不確定且充滿各式創意的嶄新世界。在這個新世界裡，他們被要求的是改變文化與使用不同風格的領導方式。他們被賦予的期待，約莫是「讓組織更活化、參與度更高、更具有自信」之類。

你可以從這裡開始：

- 解釋 #ScrumMasterWay 模式，讓 ScrumMaster 自我評估他們大部分時間在哪一個層次。
- 確定他們了解為什麼需要移動到下一個層次（回答「#ScrumMasterWay 是這樣說的」是不夠的。）
- 創造一支核心團隊，他們領先在前，且能了解 ScrumMaster 團隊的願景。

ScrumMaster 的領土

現在來聊聊另一個主題：ScrumMaster 的領土。假設在過去幾個月，你已經建立了優秀且自組織的 ScrumMaster 團隊，他們一直嘗試讓工作環境進步並且提升敏捷度。然而這樣就完成了嗎？不全然是。ScrumMaster 通常還必須把焦點放在別人如何做出改變，所以這群 ScrumMaster 對於很多事情的意見會更協調，包括：團隊應該如何工作，而不會造成阻礙，也不會讓團隊無法實作敏捷與 Scrum。令人訝異的是，這群 ScrumMaster 常會犯下與他們的團隊成員同樣的錯誤，他們會說「其他人應該要做改變」以及「他們必須要了解」。這個團隊要達成改變的方式也與一般所認知的相符——編排訓練課程對他們而言或許是有趣的，但在每天工作中使用這些原則是困難的。

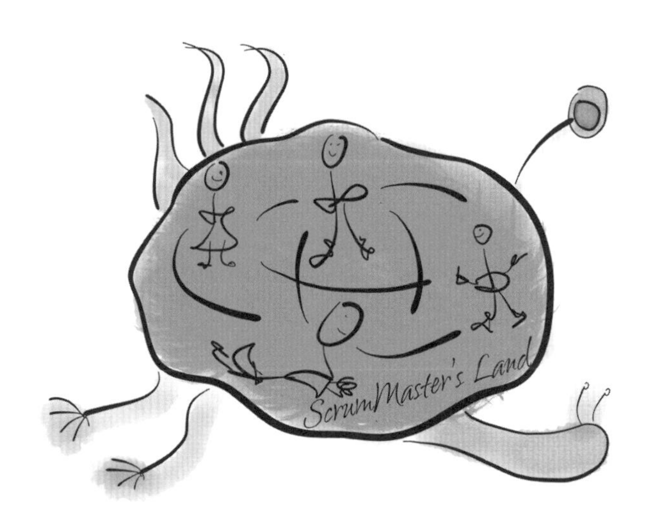

使 ScrumMaster 在這個層級不容易成功主要有兩個侷限——一是缺乏系統思維，這個主題會在之後的章節講到；二是缺乏變革管理的經驗。這兩個侷限都與 Scrum 的意義有關。在這個階段，ScrumMaster 主要還是在 #ScrumMasterWay 的「關係」層次，談論的都是「我們」。當你問說：為什麼「他們」需要變得更敏捷？（這裡的「他們」指的是後勤、行銷、業務、主管與其他團隊）最常見的答案是：因為我們需要。「我們現在採取的是 Scrum，所以我們無法做出任何固定的計畫，所以是他們應該改變，要變得更有彈性。」但其實這正是反求諸己的時候，要由對方的角度來看事情，並回答這個問題：「變得更敏捷對他們有什麼好處？為什麼需要改變？」當你瞭解對方的觀點，就可以開始新的敏捷轉型過程。這個過程和之前將那些開發人員、測試人員切換到 Scrum 模式一樣，需要花費相當的工夫。這會是個龐大的改變，而你必須讓這件事變得可能。

你可以從這裡開始：

- 不是「我們」需要「你」做什麼。要從對方的觀點來看事情，瞭解他們的需求、擔憂與看待事情的角度。
- 目標不是應用敏捷與 Scrum。這只是幫助你改變文化以及讓情況變得更好的工具。

改變世界

最後一個階段是了解如何採取整個系統觀點的能力——看見全貌，不要陷入細節。這和以整個團隊的角度來看事情是相同的。一旦你開始把團隊視為一個系統，那些特別的流程歧異，或是成員的個人問題都不再重要了。這就像是從一萬英呎的高空觀察下面的世界一樣。試想，從這個視角看事情，會有哪些是真正重要的？Scrum 是以經驗為導向的流程，在 Scrum 這個遊樂場內，任何時候都必須遵守它的邊界與規則。但是，作為一個 ScrumMaster，大部分讓你困擾的事情都可以緩緩，從系統的角度來看，這些都不是重要的問題。如果真的有問題困擾著你，那就用教練法教練整個團隊，讓他們也一起看見這個問題。甚至故意讓情況變得更惡化，以便幫助團隊想出改變他們做法的第一步。

對於需要在組織層次做出改變的 ScrumMaster，方法也是一樣的，只是系統比較大也比較複雜，要教練他們會變得更不容易，更難以窺得全貌。在此處要使用的概念是系統思維（System Thinking）[5]。

在系統層次需要關心的重要事物，是元素之間的關係與動態。在每次變革之前，先開始在 flipchart 上畫出元件與實體，並指出他們之間如何互相影響。思考一下正向的影響與負向的影響為何，找出放大這些影響的迴路。這必須要是集體的活動，讓大家一起畫。你可以把它當作是一個工具：一個開啟討論如何進行公司變革的工具。

另外一個可以處理複雜系統的工具是影響地圖（Impact Mapping）[6]，並把影響地圖使用在你的目標上——改變整個系統。（影響地圖會在第七章「ScrumMaster 的工具箱」介紹。）這原本是個專案管理工具：「影響地圖可幫助你打造產品並交付有影響力的專案，而不是只發佈軟體而已。」[7]。但這個工具可以完美的在此適用，因為它增強了系統觀點，並且描述了所有的參與者、影響與可交付的成果。

你可以從這裡開始：

- 在系統層次最重要的事情，是專注在元素之間的關係與動態。
- 畫出你組織的系統圖，看看什麼東西正影響著你的系統，以及如何影響。

CYNEFIN 框架

身為 ScrumMaster，你應該要有能力分類問題與情況，並且根據分類的結果，來決定要使用哪種方法。由 David Snowden 所提出的 Cynefin [8][1] 是一個有用的框架，這個框架把問題分成五種類別：明顯的（Obvious）、繁雜的（Complicated）、複雜的（Complex）、混亂的（Chaotic）、失序的（Disorder），在你的軟體開發過程中，這些類別你終究都會遇到，但是大多數軟體開發工作，都會被歸類在「複雜的」類別。

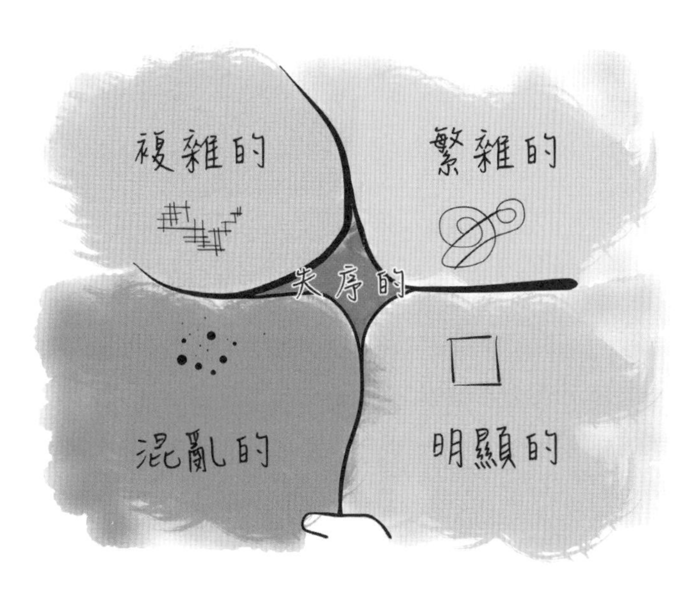

譯注 1 Cynefin 框架有人譯為「庫尼文」架構，但大部分的文章似乎較少翻譯為繁體中文，故在本書的翻譯中，我將其保留為原本的 Cynefin，以利讀者在不同資料與文件中交叉對照，而不致迷失。另外，Complicated 與 Complex 的翻譯，我參考了敏捷社群的 David Ko 前輩的文章，而翻譯為繁雜與複雜的。

明顯的

若你所有的問題都很簡單，那麼解法也就很明顯了，而選擇正確的作法也不會有太多問題。這會是個已經有最佳實踐（best practice）的世界，只要認清現狀、分類，並使用已定義好的解法即可。

繁雜的

但是，某些情況沒有那麼簡單，會需要一些分析來分類問題。我們會請教該領域的專家，請他們提出建議。我們相信的是，在這分析過程中，就可以回答那些以便做出最終決策的必需問題。聽起來很熟悉嗎？這不就是傳統的瀑布流程，對吧？

「繁雜的」領域是個有良好實踐（good practice）的世界，在做了為數不少的分析後，選定一個良好的計畫，並實行它。

複雜的

很不幸的，某些情況既不簡單也不繁雜，所以很難提前評估狀況，就算做了深入的分析，最後還是會失敗，唯一的出路還是允許使用逐漸浮現的實踐方式（emergent practice），這是你用敏捷與 Scrum 所建造的世界。

雖然之前提過，軟體開發是在「複雜的」領域中，你還是會面臨到某些「簡單的」情況。對這些簡單的情況，就用慣例的方法去解決它，像是持續整合、站立會議、短衝、自省會議與 Scrum 板。某些情況會是「繁雜的」，面對這些情況就用一些良好實踐去解決它，像是 Scrum 板的特定安排方式、待辦事項（Backlog Item）的形式、產品架構、可用性與分析根本的原因等等。儘管如此，大部分情況是無法用分析或是你的經驗來解決，而在這種「複雜的」情況下，你必須更為動態的去檢視與調適，這也正是 Scrum 的原理。每個短衝都做一些些改善（Kaizen）與規律的實驗，然後用這些從溝通、合作與工作方式等方面所得到的知識，做出對應的調適與調整。

混亂的

下一個類別稱為「混亂的」。David Snowden 常以孩子的派對作為例子：這完全是不可預期的，而任何想要控制情況的嘗試都會失敗。這是新穎實踐（novel practice）的世界，你必須想出非凡而不尋常的解法來使情況獲得控制。

這樣的情況也會在工作環境中發生。例如一個要命的 bug 使整個公司與客戶的運作停滯，你必須立刻修好它。「你一開始的解法或許不是最好的，但只要能動就行了，先止血，這樣就有喘口氣的空間來思考真正的對策。」[9]

失序的

最後是「失序的」類別。是在 Cynefin 概念正中央的地方。因為你不知道怎麼分類，所以你大概會使用過去所習慣的方法，或是那些原本在你舒適圈裡的方法，但最後經常是以失敗作收。

Cynefin 的各區域之間沒有嚴格的邊界，而且有時難以分辨身處在哪個象限。最危險的地方是介於「明顯的」與「混亂的」兩塊區域的邊界。一個錯誤的評估很可能會導致嚴重的災難。

練習：Cynefin 框架

回顧過去幾個短衝內，你遇到的問題與情況，並把他們依據 Cynefin 框架分類：

♦ 明顯的（Obvious）：______________________________

♦ 繁雜的（Complicated）：______________________________

♦ 複雜的（Complex）：______________________________

♦ 混亂的（Chaotic）：______________________________

CHAPTER 04

統合技能與能力

現在你可能在想，到底優秀的 ScrumMaster 具備什麼樣的特性？他們是怎麼思考的？為了要成為優秀的 ScrumMaster，必須學會什麼技能？優秀的 ScrumMaster 要在哪些領域獲得經驗才能成功？優秀的 ScrumMaster 需要什麼核心能力？

統合技能

統合技能（metaskill）是針對某種情況、哲學與立場所刻意選擇的態度，是人們在面對新的情況時，根據個人之前的經驗，所引用的認知策略。在這一章，我們不會談論太過專業的東西，而是這技能的一般性描述。統合技能是讓其他更多更專業的技能慢慢浮現出來的抽象技能。

ScrumMaster 的統合技能

我們來看看每個 ScrumMaster 必須擁有且最重要的統合技能：

- 教學（Teaching）
- 傾聽（Listening）
- 好奇（Curiosity）
- 尊重（Respect）
- 童心（Playfulness）
- 耐心（Patience）

在每個情況選擇適當的統合技能並有意識的使用，是很重要的。舉例來說，如果你以好奇作為核心的統合技能參與了討論，而不是傾聽或教學，你的行為會有大大的不同。

不同的情況需要不同的統合技能，不需要從頭到尾都堅定的使用同一個，要刻意地改變所使用的統合技能，而不要只做些你已經習以為常的事情。

謹記：

- **對於每個情況，選擇一個核心的統合技能並在該場合使用。**
- **在不同的情況下，每一個統合技能都是有用的。**
- **永遠要先有意識的選擇統合技能再做出行動。**

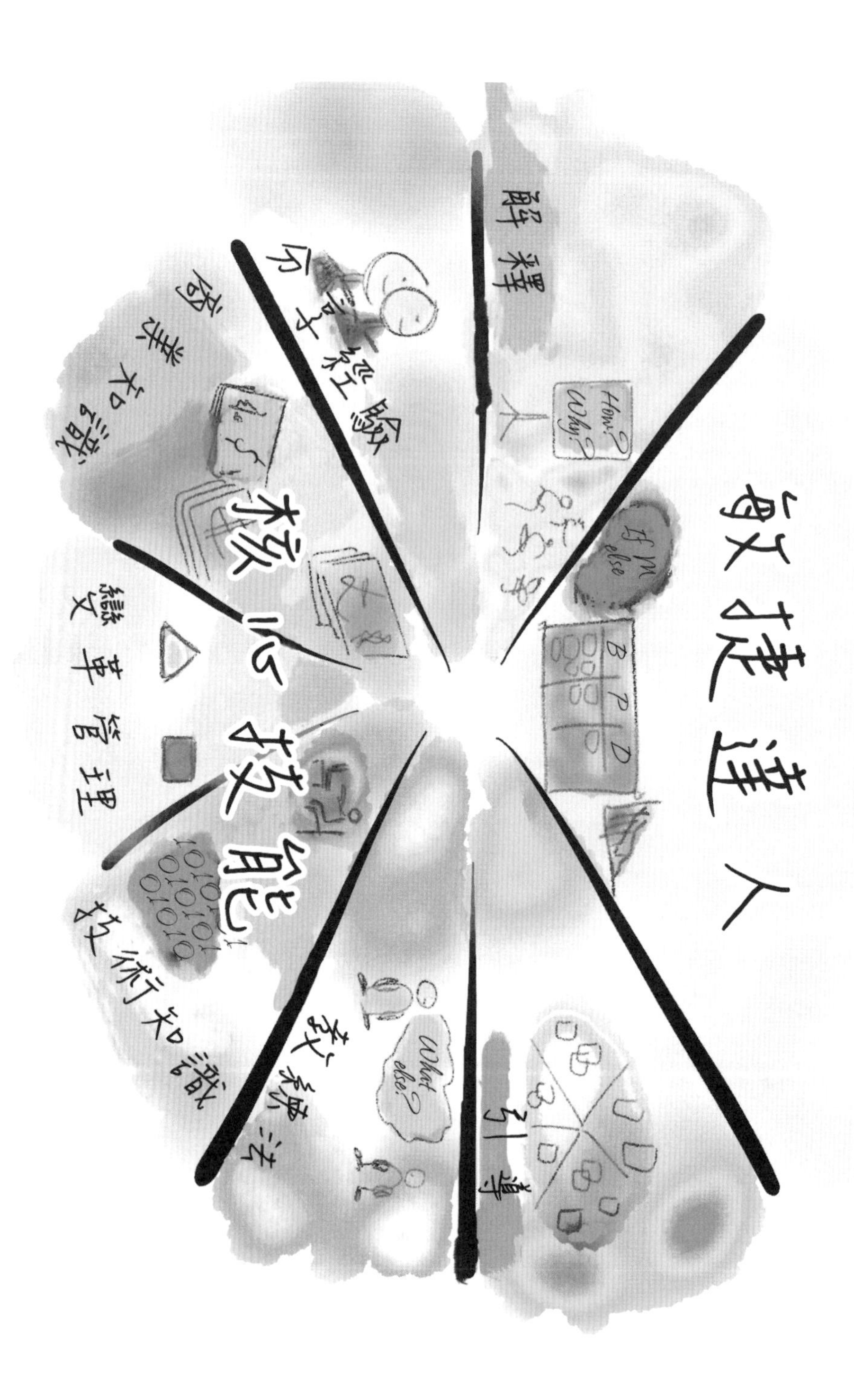

敏捷達人
教練技能
解釋
引導
教練
技術知識
變革管理
商業知識
分享經驗
How?
Why?
What else?
B
P
D

練習：統合技能

想想看在哪些情況下，使用這些統合技能會是很有價值的：

- 教學：________________
- 傾聽：________________
- 好奇：________________
- 尊重：________________
- 童心：________________
- 耐心：________________

能力

我們來看看每個 ScrumMaster 都應該有的核心技能與經驗 [10]，並在以下小節做說明。

敏捷達人

首先，ScrumMaster 必須是敏捷達人，他們應該是對 Scrum 團隊或是敏捷的環境是有經驗的，否則從零開始實作 Scrum 會是一個艱巨的挑戰。有自組織環境的經驗也是極為重要的。此外，如果對於敏捷開發實踐、測試、敏捷領導力與管理、敏捷產品所有權與大規模 Scrum 有一些經驗的話，會很有幫助。此外，對於精實原則、看板方法與極限開發有些許了解的話，在駕馭上述事物方面也會相當有用。

但光只有理論是不夠的。ScrumMaster 必須找尋其他資源來得到更深的洞見。你可以考慮去參加工作坊，與其他與會者或演講者討論實際遇到的情境。另一個選擇是參加線上使用者群組的討論（user group event）。大部分工作坊會把演講過程錄影，所以你甚至不需要到場。敏捷社群也非常活躍，每天都會發佈數百篇部落格貼文、文章與案例分析，這也使我們跟上敏捷和 Scrum 的腳步，變得更加簡單了。

精通敏捷包括把簡單的 Scrum 原則簡化，並使用在不同環境，而這些環境可能與之前人們所描述給你聽的環境是不一樣的。做一些實驗並與其他人分享實驗結果，「檢視並調適」的原則指的是從失敗中學習，所以在公司裡失敗要成為你學習過程中，一個不可或缺的部分。

解釋與經驗

這部分的能力對應於統合技能中的「教學」。而且每個優秀的 ScrumMaster 必須有能力把這些概念灌輸給不同的聽眾，並讓他們熱衷於此。

如果沒有實際的經驗，而想要直接採取特定的實踐與產出物，甚至有效率的進行會議，都會是一種挑戰。

但你要做的還不只這些——例如你可以特意在公司內部做經驗分享，或是安排與其他公司的合作與互相參訪等等。

引導與教練法

在統合技能地圖的另一邊是引導與教練法（Coaching），在這裡，你必須壓抑你已有的經驗，使用「傾聽」與「好奇」的統合技能，然後讓團隊來做決定。作為一個引導者，你負責的是討論的框架，而不是討論的內容。引導指的不只是確保會議發生，也包括了如何把會議進行的有效率、有價值。如果你做對了，團隊就不會抱怨「Scrum 都是在開會」。因為他們的討論有明確的意義，而且會以高效率的方式進行。

對教練法最重要的認知是：你自己了解了什麼、你建議或是暗示了什麼都不重要。身為一個好的教練，你要問出「強而有力的」問題，讓團隊認清他們需要什麼與為什麼需要這些東西。記住，除非你真心相信這些人，有辦法想出比你心中更好的答案，不然使用教練法對你來說會是一件很難的事。總之，教練不是提供建議而已，而是在背後支持他們，讓他們想出自己的答案。如果你問對了問題，他們也一定能把答案想出來。

核心能力

ScrumMaster 應該要擁有三項核心能力。他不需要對這三項能力有過於深入的了解，追求這些專家級的知識可能會讓 ScrumMaster 無法成為一個好的引導者與教練，但他可以把這些能力當作「調味品」。這三項核心能力都很特別，所以取得任何一項能力的豐富經驗都相當不容易。不過，只要對它們有些許基礎知識，就可以產生非常大的幫助。

商業知識——商業知識或許在 #ScrumMasterWay「我的團隊」的層次還不是很重要，因為產品負責人會負責商業知識的連結。但是在接下來的兩個層次中，ScrumMaster 應該要能夠教導並建議產品負責人關於敏捷產品的所有權，並引入新的概念與實踐方法來管理產品組合。

變革管理——變革管理對 ScrumMaster 特別有用，因為在公司內導入變革的人就是 ScrumMaster 本人。變革可以是龐大的，日文稱為 Kaikaku（改革）；或是比較小規模的，日文稱為 Kaizen（改善）。

改革偶爾才會發生一次，是一種激進的突破與改變。改革很難，會有一堆阻力，像是把傳統的管理換成敏捷。而改善指的是一個小小的演化，是漸進式的改進，這也就是 Scrum 短衝自省會議的目的。改善其實就是找出並確定能幫助你現在工作的第一步，例如採取「一次一則使用者故事」的規則。

技術知識——技術知識對 ScrumMaster 當然也是好東西，不是因為 ScrumMaster 有了這項知識之後可以建議團隊如何寫程式，也不是因為可以親自下去幫他們撰寫。真正的原因是，ScrumMaster 可以針對開發方法提供一些建議。記得此處要把重點放在極限開發的實踐上，像是共享程式碼、極簡化、持續重構、結對程式設計、持續整合、自動化測試或甚至是測試驅動開發。在引入這些實踐方法時，ScrumMaster 如果能有技術背景會有很大的幫助。

練習：你有哪些核心能力？

研讀下面兩個圖例，並使用最後一張空白圖表來評估你現在的狀況。首先要面對現實——你目前掌握這些核心能力到什麼程度——在每個扇形區域內畫出相對應的大小，然後用不同的顏色畫上你心中希望進步到哪個程度。越靠近圓心代表越「不好：☹」；越靠近圓周代表越「好：☺」。

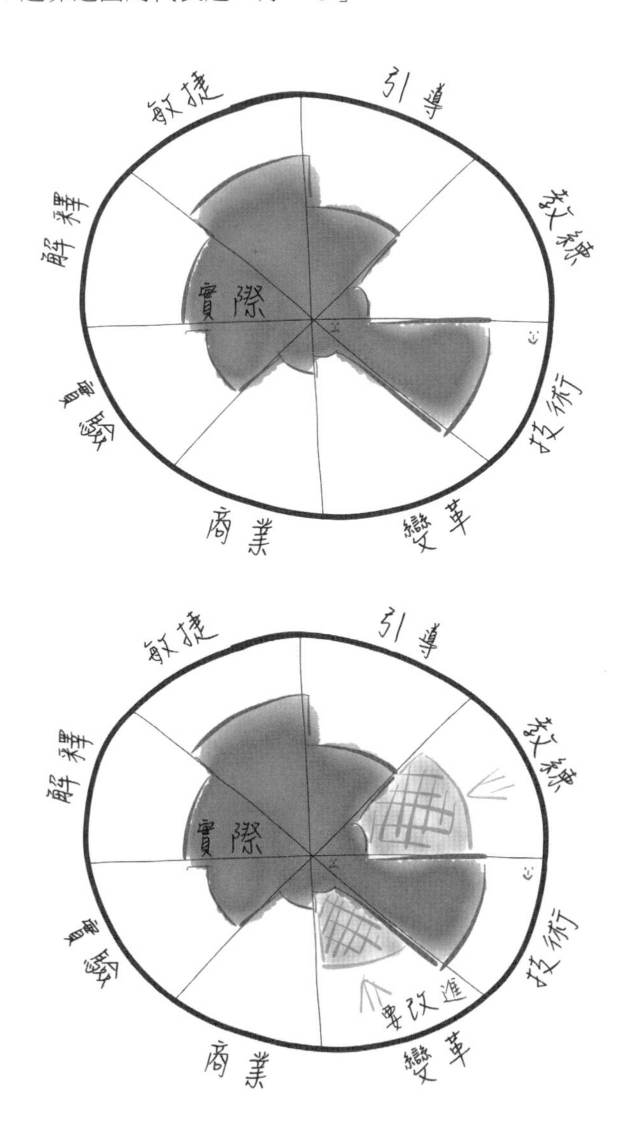

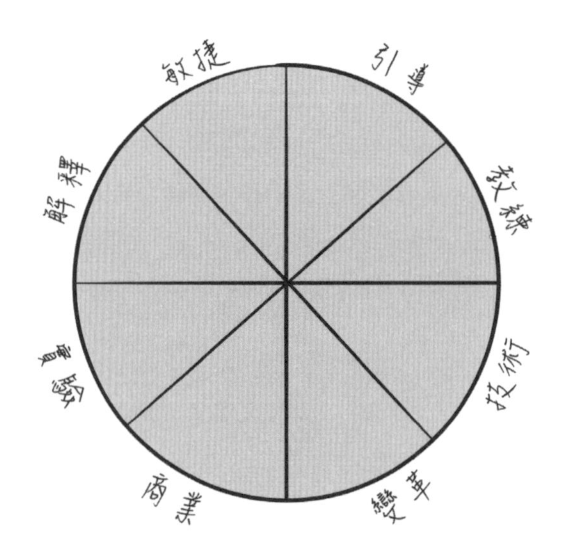

給優秀 ScrumMaster 的提示：

- 把組織視為一個系統。
- 建立由 ScrumMaster 組成的團隊，來處理組織方面的複雜度。
- 有意識的在每天工作中使用這些統合技能：好奇、童心、尊重與耐心。
- ScrumMaster 永不停止學習。追蹤一些部落格、閱讀書籍、觀看影片與每年選擇特定課程以增進特定領域的核心能力。

CHAPTER 05

建立團隊

建立優秀的團隊是優秀 ScrumMaster 所必備的重要能力之一。以下幾個概念會讓你更了解如何區分優秀的團隊與一般般的團隊、如何改善功能失調的團隊與如何建立一個讓團隊可以成長、變得更優秀的環境。

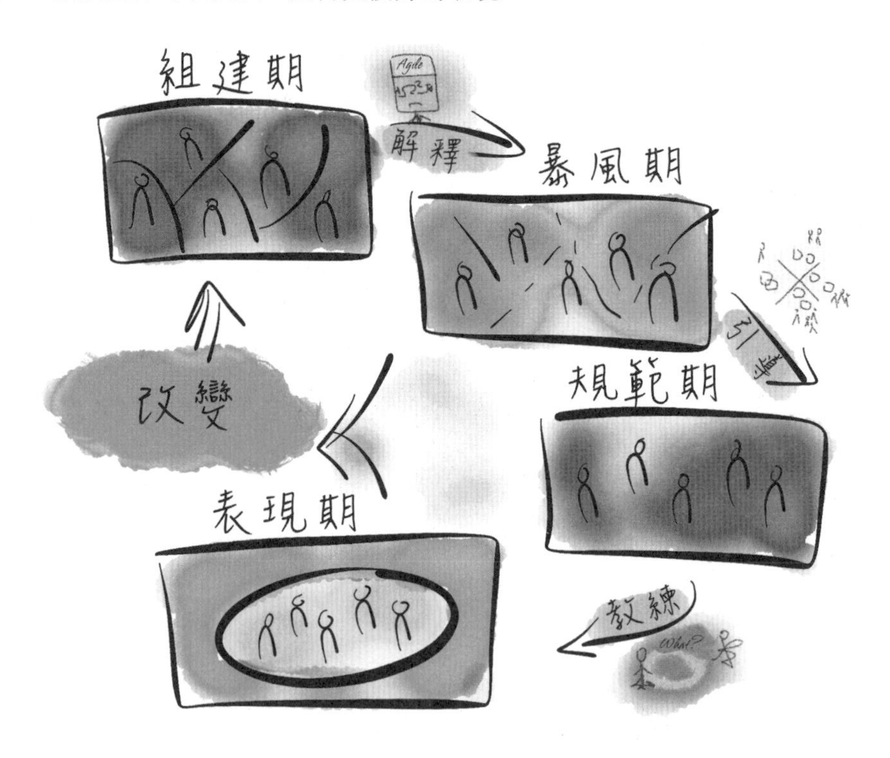

Tuckman 的團隊發展理論

團隊發展的經典理論之一是 Tuckman 的團隊發展階段模型 [11]。我們來看看這個理論如何應用在 Scrum 環境中：想像一下，你剛啟動了敏捷轉型，並準備使用 Scrum，上面給了你一群稱之為「團隊」的人。這群人，說的更明確點，是一個 Scrum 團隊，你期望他們能達到自組織、跨職能的狀態。那麼接下來情況會怎麼演變呢？

組建期

身處組建期的團隊其實還好，通常大家不太聊天或合作。他們仍然保持著舊有的習慣，就像各自獨立的專家，所以他們其實不需要彼此。Scrum 在他們的工作方法裡很難派得上用場，所以很自然的，他們會抱怨它在此處是個完全沒有用的做法。

在這個階段，ScrumMaster 的角色是解釋 Scrum 原則的骨幹，並開啟轉型的過程。這個過程不能是只是紙上談兵，而是要說到團隊成員的心裡去——把他們從舊有習慣裡拉出來。ScrumMaster 必須運用所有 ScrumMaster 的心智模型（譯注：見第二章），但他們會花特別多的時間在教學、解釋與分享經驗方面。

暴風期

暴風期通常緊接在組建期後發生，因為 Scrum 鼓勵團隊超越自己在合作、承諾與溝通三方面的極限。當他們試著去遵循 Scrum 的流程時，對立與緊張的氣氛就會提升。他們會互相爭辯，並常常弄得很不愉快，這不是個讓人舒服的狀態，所以當有人伸出援手時，他們會很樂意的接受幫忙並擺脫這個時期。

在這個階段，ScrumMaster 的角色是鼓勵他們彼此聊聊天，並對於如何共同採取行動定出一份工作協議。此時引導會是 ScrumMaster 心智模型當中最重要的，因為這能讓溝通變得流暢，而流暢的溝通能把團隊從暴風期拉出來，進入下一個階段；溝通不順暢將會把團隊拆散，變成一個失能的團隊。

規範期

在規範期，團隊終於能夠把壓力釋放出來並且得以喘口氣。他們會說「哇，它終於有用了！」、「比以前好多了，我喜歡！」但要注意，這也正是規範期如此危險的原因。它會誘惑團隊待在目前所在的舒適圈裡：「我們已經很好了、我們不再需要改善了。」然而這不是目標，你之前所做的一切努力不是為了在這裡停下來，你有一支好的團隊，但你的目標是更高效率的團隊，而不只是這樣而已。

在這個階段，ScrumMaster 的角色是向團隊展示如何變得更好的方法，鼓勵他們取得所有權、承擔責任並且持續進步。ScrumMaster 心態模式中的教練法會是這個階段最重要的工具，不用這個方法，團隊很有可能會永遠卡在這裡——但這樣也不差，因為這個階段其實已經擁有頗佳的生產力並且讓人感到舒適。

表現期

雖然介紹了以上各種時期，但使用 Scrum 後真正的目標並不是那些，而是讓團隊進入表現期，這才是正確的 Scrum 團隊。所以，你怎麼知道你已經在這個時期呢？第一，團隊是有自信的而且永遠在尋找更好的方法做事。他們不覺得已經到達終點線了。他們童心未泯，他們會進行一些實驗而不怕失敗。他們是開放且透明的，他們都不以自我為中心，而是把視線放在團隊的邊界之外。這會是個創新且有創意的工作狀態，人們在此會覺得好玩、很有樂趣。

ScrumMaster 在這個階段要做什麼呢？防止事情出錯，避免團隊回到先前的階段。在此階段大部分會使用觀察法，當然其他 #ScrumMasterWay 的層次也必須注意，並且隨時準備好以教練、引導者、障礙移除者等身份介入，或是分享經驗並教導團隊新的東西。

改變

要走完這個模型的全部四個階段，總是會需要一些改變。即使是一個小小的變化（例如某人離開或加入團隊）都可能使團隊分崩離析而回到一開始的組建期。雖然團隊可能不會待在這個階段太久，可是他們可能又要把全部的階段走完，還是會花點時間，可能是一天，或是永遠無法走完，因為團隊也許會一直待在規範期。你可能會納悶為何會這樣，但其實很合理：在第一輪的時候，ScrumMaster 很盡責的關注於溝通、工作協議與團隊整體合作上的健康狀況，但這一次可能沒有人去顧慮這些東西。

所以，身為 ScrumMaster 必須去觀察改變是否發生，並在早期釐清它，就算只是短短幾天，也要依據團隊當下所在的階段調整行為與應對方式。同樣的，就算最優秀的自組織團隊遇到改變，也會需要 ScrumMaster，否則他們可能無法獨自處理這些改變，最後退回到規範期，甚至暴風期。

練習：使用 Tuckman 的團隊發展理論

你的團隊現在在哪一個階段？

☐ 組建期（Forming）

☐ 暴風期（Storming）

☐ 規範期（Norming）

☐ 表現期（Performing）

寫下你接下來會採取的行動：

____

____

____

團隊領導的五大障礙

有的時候，一群人碰巧就是不能組成一支優秀的團隊。Patrick Lencioni 所著的《The Five Dysfunctions of a Team》（團隊領導的五大障礙）[12] 就是描述處理這種情況的一個概念。這個概念是以金字塔來表示，愈基本的層次在愈下面，你的團隊必須信任彼此，就算有時候他們的意見相左，但仍能以有效率、有誠信的方式溝通，進而處理這個金字塔任何一層的問題，如此一來你才能對團隊的承諾有所期待。接下來，我們來看看如何在敏捷的環境中使用這個模型。

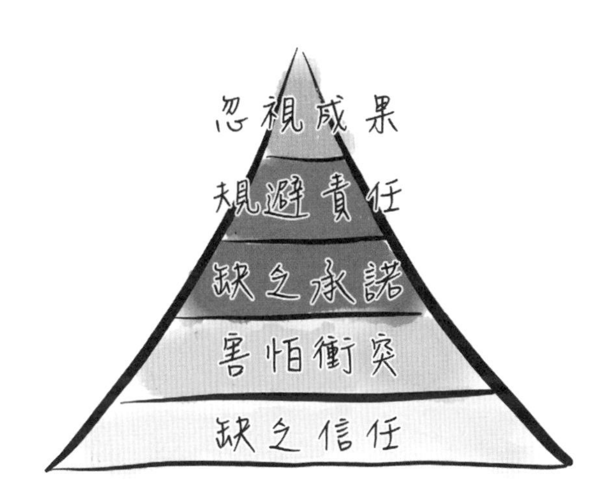

缺乏信任

如果實際詢問的話，團隊成員很少會承認他們彼此之間缺乏信任。他們會說，他們已經認識很久了，彼此相處之間沒有問題，問這個問題的重點是什麼？但實際上，他們很安靜而且不太交談，一直以來都獨立做各自的工作，害怕犯錯的恐懼使他們躲避更進一步的討論與合作。這樣的團隊成員其實並不需要彼此。在這個層次裡，每個人都相信自己在某方面有特殊的技能、專業的技術、專長，或是某些別人沒有的特殊領域知識，讓團隊成員保持現狀，並維持穀倉效應（silo）[1]。

害怕衝突

如果團隊成員刻意避免衝突，他們會傾向於保持假的、表面的和諧。如同 Tuckman 的團隊發展理論中的暴風期一樣。在討論中，團隊成員會避免討論讓對話難以進行的話題，並且依據每個人的技術或是產品知識，把工作切割成各自的、分開的、彼此互不關聯的部分，而這會讓每個人繼續各自為政。你會聽到像是「我們各自有各自的工作領域，幹嘛要花這個時間討論？」或是「要在一個使用者故事上合作？不合理啊，這樣只會在溝通上造成更多不必要的混亂。」

譯注 1 穀倉效應指企業內部缺乏溝通，部門間各自為政的現象。

缺乏承諾

在敏捷旅途的初期，這種障礙算是蠻常見的。當你聽到人們說「我們無法承諾短衝結束的時候能交付什麼，因為短衝過程中任何事都有可能會發生。」或是「我會把我的部份做完，可是其他人我就不清楚了，我無法代替他們發言。」你就知道你遇到的是「缺乏承諾」的障礙。或者，團隊通常會承認他們對於「做出承諾」感到糾結，但其實他們的問題是深植於較低的層次，也就是缺乏信任。

規避責任

我們大概都看過一個 Scrum 團隊，對短衝做了計畫，但最後卻無法完成所有短衝待辦事項。在短衝結束的時候，他們會說這是因為某些原因而造成的意外，在下一個短衝，他們還是計畫要做一樣多的事。這種情況可能不時發生在每一個團隊身上，但如果已經成了常態，那麼就很明顯是個障礙。

忽視成果

金字塔最上面一層障礙是「忽視成果」，亦即把個人目標放在共同目標之前。而那個共同目標正是我們在 Scrum 框架中想要達到的。照理來說，Scrum 團隊應該要有單一的團隊目標來交付價值給客戶，而不是各個成員把知識藏在自己腦中，默默完成自己的程式與測試。這需要在心態上做出大幅的改變，但這正也是團隊成功的必要因素。

ScrumMaster 的角色

那麼 ScrumMaster 應該做些什麼呢？首先，要判斷團隊是位於障礙金字塔中的哪一層。看清狀況後，他就必須要教導團隊，讓他們更了解目前的狀況，再教導他們哪裡出了問題，並幫助團隊建立向心力或如何共事的工作協議。關鍵是要認清團隊想要達到什麼目標，以及為何要達成，再加上一些如何讓他們達標的計畫。

另一個小小的建議是，當你和你的團隊衝過了剛開始的障礙之後，就要刻意建立團隊認同感。用「團隊」稱呼他們，並讓他們決定自己的隊名，千萬不要一個一個去詢問「你覺得怎麼樣？」，而是讓整個團隊一起承擔這份責任，例如「團隊覺得怎麼樣？」或是「你們是一個團隊，你們應該要做出決定。」這小小的改變所帶來的效果，一定會讓你驚訝。

練習：團隊領導的五大障礙

指出你的團隊遇到那些障礙：

☐ 忽視成果（Inattention to results）

☐ 規避責任（Avoidance of accountability）

☐ 缺乏承諾（Lack of commitment）

☐ 害怕衝突（Fear of conflict）

☐ 缺乏信任（Absence of trust）

你下一步打算怎麼做？

____

____

____

團隊毒素

即使是一支優秀的團隊，有時在互相支援、合作與表達友善等方面，也會表現不好。接下來我會介紹四種經常危害團隊和組織的毒素 [13]。千萬要小心這些毒素，在它們出現的時候，必須能夠加以識別並幫助團隊克服當下的情況。

責怪

每個人或多或少都會說：「都是你的錯！」因為這樣就可以自然且輕易的卸責，不用承擔失誤造成的影響。

在 Scrum 團隊中，這可能會以抱怨的形式出現：「這個使用者故事描述得不夠好，是產品負責人的錯，因為產品待辦清單跟使用者故事是他的責任。」而不會說：「這個使用者故事定義的不夠好，我們下次是不是可以做些改善，讓同樣的事情不會再度發生？」

防禦心理

防禦心理是第二常見的毒素，而一支優秀的團隊必須避免。它通常從回應責怪的時候開始。延續前面的例子，產品負責人可能會說：「這又不是我的錯！我又不對短衝待辦清單做計畫，而且這則使用者故事已經在上次的產品清單精煉會議中整理過了，更何況它的描述和其他一樣詳細！」

另外一個可能的情況是，團隊對任何人提出的所有建議和改變議題都有防禦心態。通常是從一個無私的建議開始：

團隊：「根據教練的經驗，其他團隊在哪方面做得比我們更好？」或是「別的公司是怎麼跑 Scrum 的？」

教練：「最近業界強烈的趨勢是採用一個禮拜的短衝，很多公司都開始這樣做了。」

團隊：「但我們使用兩個禮拜的短衝是有原因的，我們無法改成一個禮拜，我們的專案太複雜了。」

教練：「你們不需要在下個短衝就改變，但你們可以討論一下，看看要做什麼樣的調整才能夠改成一個禮拜的短衝，然後大家再做決定。」

團隊:「不了，我們才剛開始而已，而且……目前兩個禮拜的短衝成果，對我們來說已經很好了。」

壁壘

第三種毒素也很常見，這種毒素是一再重覆自己的論點，而聽不進別人的意見。

在 Scrum 團隊常見的例子是，在計畫會議進行的時候，團隊會討論彼此的論點以達成決議與共識，就會有一個成員突然跳出來說「對我來說，這就是個 5 點的事情。」[2] 蠻常見的，對吧？

另一個情況可能是，有些人刻意避免與團隊其他成員討論，而獨立於團隊決議之外：「我已經在進行了，所以我會用我的方式做。等輪到你們的時候，你們再用自己的方法吧！」這種情況不像第一種那樣直接，但最終也會得到一樣的結果。如果用這樣的方法做事，眾人就失去了團隊精神，只是一群沒有共通點的散沙。

鄙視

調侃他人經常出現在人們的生活中，這沒什麼錯。比方說全球知名的英式幽默就是如此。但風趣的調侃與讓人不舒服的嘲諷之間有條透明的界線，必須小心拿捏。例如在某個會議之中，離團隊達成一致決議還有一段很長的距離，當你正試著把大家的意見整合在一起，如果這時有人說：「對對，都你來好了，這方面你最行了。」可能會掀起一陣不小的風波，進而使事情變得更糟。

一般來說，任何想要讓自己看起來比別人更高明，而說出來的每一句話，都屬於這個類別。

ScrumMaster 的角色

ScrumMaster 的角色是作為教練把這四種毒素的現象教導給團隊，讓他們有能力在事情發生當下，自己識別出這些毒素，然後互相監督不去使用它。你會訝異，這些毒素有多麼常出現在討論之中，而且提高這方面的警覺是多麼的有幫助。溝通會變得更好，你們會更快達成協議或共識，整個環境比較不會發生災難，也增加了團隊整體的積極性與所有權。在較少毒素的環境中工作的團隊會比較愉快，而這也正是你所期望的，不是嗎？

譯注 2 讀者可參考 Planning poker 與其估計過程。

練習：團隊毒素

在你的團隊中，那一個團隊毒素最為常見？

☐ 責怪（Blame）

☐ 防禦心理（Defensiveness）

☐ 壁壘（Stonewalling）

☐ 鄙視（Contempt）

面對這些毒素，最常見的情況是什麼？

____

____

____

重視責任

敏捷心態和 Scrum 文化之中最關鍵的一個部分是責任。責任這兩個字，每個人都在談，但在各種情況下，真正擔起全部責任的人並不多。Christopher Avery [14] 提出一個很不錯的責任模型，描述責任是如何發揮作用。經過多年來的演化，人類的大腦已被訓練成能夠快速做出決定。無論何時，就算只是一個小小的問題出現，大腦都能提供解決的選項。接下來為了舉例，請現在想像你在地下室停車的時候，不小心刮到隔壁的車。

否認

大腦提供解決問題的第一個選項就是否認。「剛什麼事都沒發生。我沒看到什麼刮痕，是這輛車太髒了。至於剛才的聲音？那只是輾到沙子而已！」

回到 Scrum 團隊，這可能會演變成即使剛剛才死當，團隊還是假裝這是小事。「只要稍微改一改 code 應該就可以動了。」

指責

當你對「否認」感覺不好時，你的大腦會立即提供下一個可能的解法：指責。「這都是他的錯，他把車停好一點的話就不會這樣了。」

在 Scrum 環境中，「指責」可能會是朝著產品負責人而來，因為他可能描述了錯誤的東西，抑或是朝著其他團隊成員所犯的錯。「我寫的程式沒錯，跑不起來是他自己的問題。」

找藉口

還是不開心嗎？別擔心，你的大腦正在準備另一個解法：你可以找個藉口。「這種事常有的，每個人或多或少都會刮到車子不是嗎？而且這地下室的停車格也太窄了吧。」

剛開始 Scrum 的團隊經常會如此。他們對於無法做出短衝計畫或是沒達到短衝預期結果而開始找藉口，「短衝過程中所有事都可能發生，我們無法作任何保證。軟體開發總是會遇到技術上的困難對吧？事情本來就是這樣子的。」

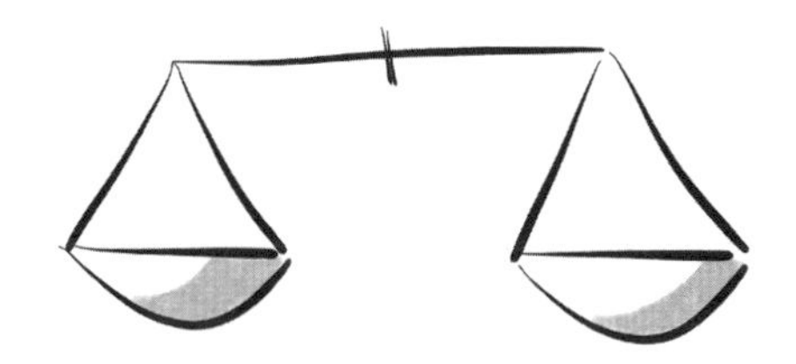

羞愧

如果你還是感覺不好，你會把它當成是你的錯，「這都是我不對，我就是學不會如何把車停到狹窄的停車格裡面。」

Scrum 團隊也有可能因為缺乏跨職能的能力，而感到挫折的說，「關於產品的這個面向，我們經驗不足。這部分實在太難了，要學會的話可能要花好幾年吧。」他們通常不會意識到這言下之意是：「我們不夠好。」而他們正試著隱藏這件事，並宣稱請教專家本來就是很正常的事情。

義務

那麼接下來是什麼？把解決這件事，當成是你的義務。「我在雨刷上留下我的名片，已經盡了我該盡的義務，之後保險公司會負責賠償。」

這個階段提醒了我，某些 Scrum 團隊的確是遵守 Scrum 框架的規則工作著，而且他們覺得只有這樣做、必須這樣做，才叫 Scrum。有人告訴他們要開那些會議，所以他們就開了，但他們不知道這背後的原因。「因為是 Scrum，所以我們要開每日站立會議，這是必須的，每日站立會議是 Scrum 會議的其中一項，不是嗎？」

放棄

任何時候你都可以決定放棄。「我不管了，我不想解決了，它對我來說一點都不重要。」說真的，沒有人會強迫你要負責。但是，別騙自己了，前面幾個階段所提的東西都無法幫助你在未來不要重蹈覆轍，也都不是真正的負責任。

責任

當真正決定要承擔責任時，便達到了責任模型的最後一個階段。這個階段通常會由一個問題起頭：「我下次該如何改變做法，來避免同樣的事情再度發生？」在這個例子中可能會是：使用公共交通工具、把車停在空間比較大的路邊停車格、買個倒車雷達、上一些特定的駕駛課程，或是用紙箱來練習停車。

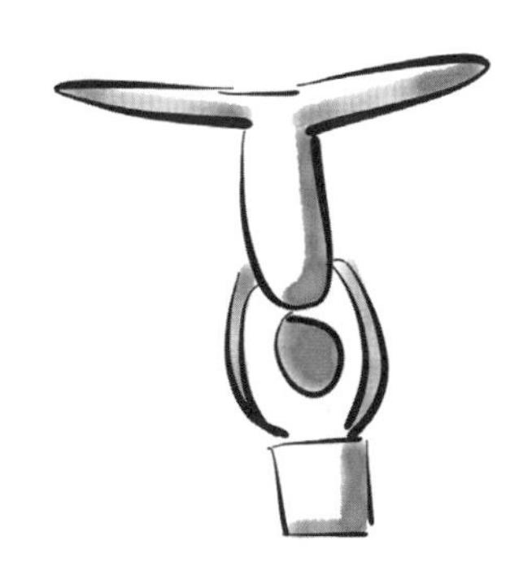

如果以一個 Scrum 團隊為例，真正的負責任是：當發現了一個 bug 時，團隊不只會動手把它修好，還會更進一步討論，下次要如何修正做法來避免事情重覆發生。另一個例子則是遇到障礙。不成熟的團隊會期待某人來移除它，但是優秀的團隊會主動攬下這件事情，然後想出一些改善的方法。

組織即部落

建立團隊的另一個有趣概念是來自書籍《Tribal Leadership》（部落領導學）[15]。簡單的說，每個組織都是一個部落。所謂的部落是指彼此認識的一群人，人們之間接觸時會互相打招呼。一個部落可以大到 150 人。稍具規模的公司是由數個部落所組成的網路而構成的。

每個部落都有各自不同的文化，但是每個組織都會有某些部落文化是主導性的，而且該文化可以被歸類。這些主導性文化會形成人們的行為與態度。

如同其他模型所提到的，你不能跳過某些階段。而且每個階段都要用不同的領導方法與風格對部落中的人們給予支援。有時部落在壓力之下，會暫時往後倒退一個階段，這是很正常的現象。也因為每個改變都會帶來某種程度的壓力，通常敏捷轉型會啟動部落各階段文化的運動與風潮。

第一階段：生活爛透了

在敏捷、甚至是在資訊科技領域，部落領導學的第一階段其實並不常見，這個階段大部分會出現在街頭或是監獄裡面，整體而言，全球只有 2% 的公司會被觀察出有這種文化。

「生活爛透了」的文化出現在失去所有希望的人身上，他們獨來獨往，而其他人就是不知道原因。生活本身就爛透了。

第二階段：我的生活爛透了

哇，「我的生活爛透了」這個階段進步得還真大？在這個部落裡的人們經常容易抱怨，他們離真正的承擔責任還遠得很。大部分人們的態度都是被動的、疏離的、無參與感與憤世嫉俗。你會聽到各式各樣的抱怨——「我的生活爛透了，因為這產品根本是狗屎，老闆是白痴，我開車通勤的車程要兩個小時，而且公司的咖啡也很難喝。」這樣的部落佔了全球公司的 25%。

在敏捷的環境中，這樣的階段其實還蠻常見的，尤其是剛開始做敏捷轉型的時候。你常常也會在「Scrum-but」的文化中看到這種現象，「因為我必須要做 Scrum，所以我的生活爛透了。」

為了要幫助人們離開這攤爛泥，要鼓勵他們、提升他們的自信心、幫助他們成功，然後他們就會有勇氣來接受更多積極的觀點。唯有嚐過的成功的滋味，才能讓人們準備好進入下一個階段。

邁向下個階段

- 賦予團隊成員權力，讓他們相信他們做得到，給他們一個機會發光。
- 給他們更多責任，並鼓勵他們接下所有權。
- 快速取得成功以增加自信。

第三階段：我很棒（但你們還好）

這是世間常見的典型狀況。很多專家、技師，以及掌握知識及資訊而使自己成為絕對必需存在的人們，形成了這樣的文化。它佔了全球公司的 49%。這個階段會讓人覺得舒適，因為人們努力很久後終於獲得成功（但其他人並沒有）。成功會讓人感覺良好，可是現在，我們要打破這種個人主義的文化，建立起團隊的自組織與責任。這有可能做到嗎？

不過別忘記，這個階段其實是人們從「我的生活爛透了」文化，進步的必經過渡期。在這個階段，唯有對自己的技能與技術有自信的人，才能夠造就一支優秀的團隊。所以，每個成員必須先感受自己的成功，才能夠超越自己，並在下一次的機會造就團隊。

這個階段是關於個人的自我實現、工作性質中的重要部分、以及一些感受像是:「我比別人付出更多」與「我擅長我的工作，我比別人更加努力，比大多數人更加出色」。資深 ScrumMaster，以及管轄第二階段團隊的主管，都會位處這個階段。

處於第三階段的 ScrumMaster 會低估他的團隊，例如「我是個很棒的 ScrumMaster，但我的團隊跟不上。他們又懶又沒有想衝的動力，我認為他們不會跟我一樣努力工作。」相信不用說，大家也應該知道說出這種話的人根本不是好的 ScrumMaster。如果以一般團隊為例可能會是這樣：「他們（指其他團隊成員）不知道怎麼做報告，所以所有跟報告有關的事只好我來做了。等他們學會做這件事，恐怕要好幾年。」

邁向下個階段

- 讓團隊經歷成功。一旦他們實現自己的夢想，他們就準備好邁向下一個階段。

第四階段：我們很棒

終於，「我們很棒」成為了部落生活的準則。這種部落在全球公司的比例為22%，是一個十分積極正面的環境。這是一個由所有權、責任與合作所形成的文化。

位在這個環境中的人們，通常會對任職於自己公司這件事感到驕傲，並樂於推薦給他們的朋友。他們相信他們的產品，共同目標一致，而不是彼此互相競爭。

當你成功採用了敏捷，你的團隊就不再只是一群一起工作的人，而是符合Scrum定義的真正團隊，然後你就會知道你處於這個階段。團隊不再以自我為中心，並開始轉向外界。人們會說：「我們很棒，我們隨時準備好和別人分享我們的文化。」然後他們會提供幫助與傳授經驗，但他們同時也渴望新的學習機會。

然而即使是敏捷與Scrum，也不是培養「我們很棒」文化的通天妙計。就算是，如果我們不先充分欣賞團隊成員，並給予足夠空間來發光發熱，很有可能會讓團隊無法準備好接受真正的敏捷文化，而導致Scrum失敗。記住，越級或跳過某些階段是行不通的。

謹記：

- 團隊成功重於對個人的評價。
- 一般而言，在這個階段，來自環境的競爭壓力會低得多。
- 我們很棒，而且我們隨時準備好去幫助別人來讓我們一起變得更棒。

第五階段：生活很棒

在部落領導學的最後一個階段，與前一個階段是一脈相承的。在這個階段，來自於環境的競爭會更少，而這個團隊將會創造歷史。《Tribal Leadership》[15] 書中一位受訪者表示：「我們的同業競爭者根本不是我們的對手，癌症才是。」這個階段是強勢主導的階段，而世界上只有 2% 的公司能達到。這個階段的人們會打破一些上個世紀的管理學所建立起的通則與模式。為了要達到這個境界，你可能要有點「怪」。有些敏捷教練在這個階段工作。他們不斷改變公司做事的方法，不把別的敏捷教練當作競爭者，因為就算有著不同的聯繫與隸屬關係，敏捷教練的目標是一致的：試著把整個產業、甚至整個世界變得更敏捷。所以為何要互相競爭呢？如果我們彼此支援，那麼整個市場就會成長，然後就會有足夠的工作需求給敏捷教練。但是，的確不是每個敏捷人士都同意以上論點，不過還是有足夠的人願意接受這種想法。這是個不錯的例子，可以與讀者分享。

練習：部落領導學的各個階段

你在你的組織內看到哪一種部落？哪一種處於主導的地位？

☐ 生活爛透了（Life sucks）

☐ 我的生活爛透了（My life sucks）

☐ 我很棒，但你們還好（I'm great and you are not）

☐ 我們很棒（We are great）

☐ 生活很棒（Life is great）

你可以做些什麼，幫助人們邁向下一個階段？

____

____

____

選擇正確的領導風格

另一個在企業層級有用的概念是在 David Marquet 的《Turn the Ship Around》[16] 一書中所描述的概念。作者是前美國海軍的潛水艇艦長，他使用了這個新的領導方法。在你說這永遠不會在你的公司發揮作用之前，先記住以上的事實。

領導者—遵循者

公司傳統的管理方式就是用這種模式運作：領導者—遵循者。主管（領導者）是最見識淵博的人。他要對員工下命令、負責規劃、分配資源與組織全體人員。在 20 世紀，這是公司唯一的運作模式。在某些情況下，其實成效還不錯，但是隨著生意與業務變得越來越有創意且變化多端，這樣的領導風格也就越來越不方便、越來越沒效率。

領導者—領導者

迥然不同的方式是領導者—領導者模式。在這個模式中，我們相信在各個階層的人們都可以用他們自己的能力解決大部分屬於他們自己的問題。我們不需要下很多的命令，而是鼓勵他們想出解法，並接手經營公司的責任。在這邊澄清一下，我不是說我們不需要主管，我是在暗示要改變我們的管理風格。

從 ScrumMaster 的角度來看，這正好就是每個 ScrumMaster 必須做到的事：實作領導者—領導者模式，並在組織內創造出為數眾多的領導者，而不是一堆服從命令的遵循者。

謹記：

- **創新的環境需要讓人們參與決策。**
- **在組織內推行領導者—領導者模式。**

去中心化

要建立成功的自組織團隊，有一個部分是使用去中心化（Decentralization）技巧的能力。與過去傳統以集權控制為主的階層架構相反，現代組織常會發揮各式各樣去中心化的技巧，讓團隊能夠參與建立流程、加強所有權、支援創意發想等事項。我們常用的是「發散—收斂」技巧（diverge-merge），以建立有效率的討論並與他人分享想法。

接下來幾個小節，會描述去中心化的幾個建議小技巧。

讀書會

你花多少時間與你的同事一起學習？試著組織一個讀書會吧！你們可以讀一本書或是一起看一支短片，然後一起討論你看到哪些有趣的東西，或學習到了什麼。這應該是一個群體一起進行的活動，而不是念了那本書或看了短片的人，個別做投影片上台報告。

游擊隊

雖然團隊成員應該盡可能穩定與不變。但是有時候你會需要有一些人，在組織內自由的移動並提供協助給需要的團隊，這些人我們叫它「游擊隊」（traveller）。這種打游擊的行為，會對分享知識、帶進新觀點與打破現狀有莫大的助益。

園遊會

有別於短衝檢視會議，你可以把這個會議安排成園遊會的形式 [17]，讓團隊各自擺設攤位展示他們的結果，同時讓團隊成員走動去看看其他人的展示。這會讓會議進行的更快並且更好玩。

實驗板

進行實驗並把它在公司之中視覺化，分享實驗的目標、假設與結果。你可以建立一個實體的實驗板，讓每個人都看得到、獲得啟發並嘗試自己的創意點子。

開放空間技術

開放空間技術不一定專屬於非正式研討會（unconference）的形式，在公司內實行也可以獲益良多，敏捷的公司會每個月或是每季組織一次開放空間。

如果你的公司願意讓同仁花時間在這樣開放形式的活動上，而且在舉行之前並沒有一個明確的會議議程，那麼就是真敏捷無雙了。

該怎麼做？

- 以市集的形式開始，讓參與者提出他們的議題。
- 以開放的平行討論持續進行，參與者如果對當下的議題真的沒什麼興趣，可以隨意移動到不同的組別去。
- 用共同的會議總結做結尾。
- 在組織你的開放空間技術之前，先檢視相關的規則 [18, 19]。

世界咖啡館

另外一個常見的去中心化的工作坊形式，是世界咖啡館（World Cafe）。很多公司常用這個方法來讓更多人參與、並讓他們以自組織的形式討論事情 [20]。

該怎麼做？

- 介紹一個大主題，並讓每個人專注於這個主題一分鐘。
- 提出一個初步的問題，並讓各組討論它。
- 每張桌子留一個人，準備對新加入的人介紹結論，然後打散其他人，並分別加入新的組別。
- 稍微改變一下問題，然後重覆最後兩步驟三次。
- 向所有人做總結。

CHAPTER 06
實行變革

每次改變都是困難的，因為改變會帶來抗拒、害怕與不確定性。「我在新環境中還能繼續保持成功嗎？我能不能用夠快的速度來適應新的工作方法呢？我會喜歡這樣做嗎？」優秀的 ScrumMaster 能覺察到這些因素，並為了那些在變革過程中受到影響的人創造一個安全的環境，然後幫助他們跨越那條變革的邊界。

開始變革

在開始改變你們的工作方式之前，先搞清楚變革原因會是個好主意，不要只是因為它是個新潮的東西就開始著手去做。你們目前的強項有哪些？瓶頸是什麼？你期望的結果是什麼？如果這些期望不夠高、不夠好，那麼或許你還沒準備好面對變革。在敏捷變革開始之前，你不能只說這是你最近聽到的消息，你必須要有更好的原因及理由。下面的敏捷輪盤是個有用的練習，它可以幫助你判斷現在是否是變革的好時機，以及為什麼是、為什麼不是。

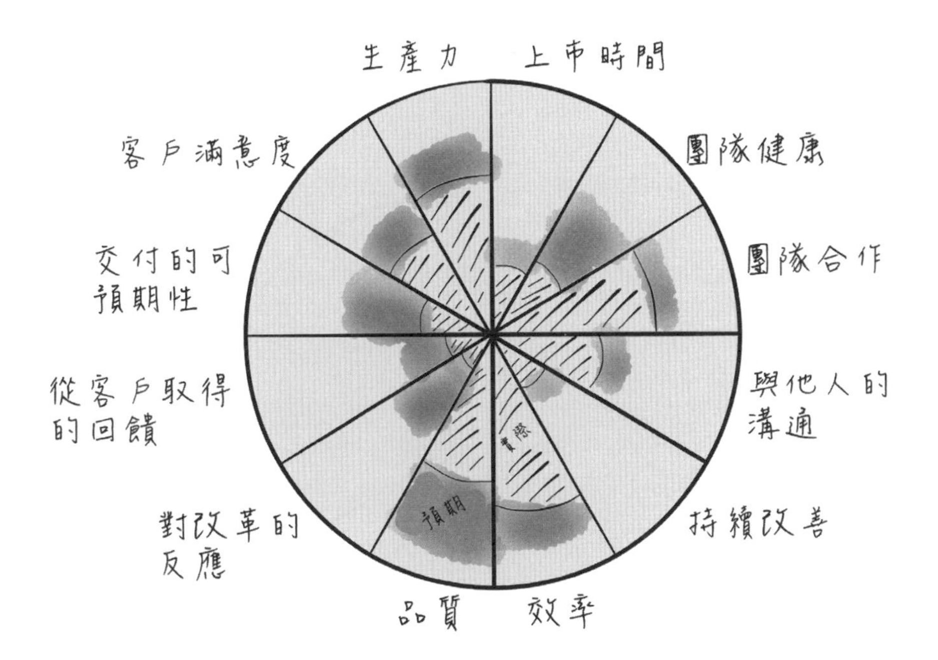

敏捷輪盤內含採用敏捷的幾個最重要的原因。它可作為團隊或個人的一項評估工具。如果想在公司、部門或團隊內進行更廣泛的交談，敏捷輪盤是個好方法。你們不需要對輪盤中的數字有共識，它的重點在於開啟一段對話或是將不同觀點視覺化。

這要怎麼做呢？首先認清現實，你對每個區塊的想法是什麼？越靠近圓心代表「不好：☹」，而越靠近圓周代表「很棒：☺」。

當你確認你現在的狀態，接著從不同的觀點來看這個輪盤，並評估你的期望：你接下來六個月想達到哪個狀態？以下圖為例：

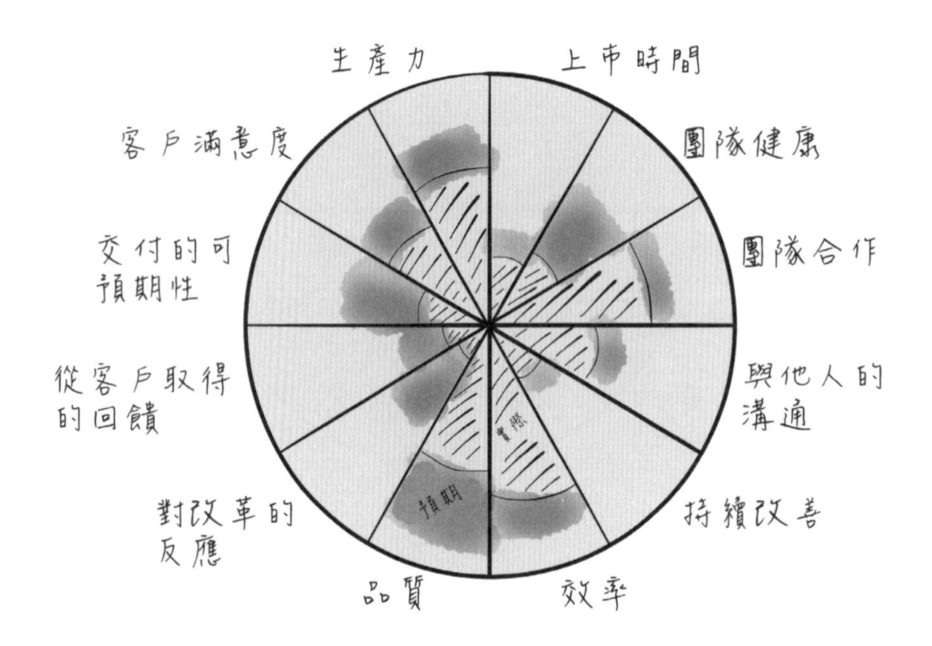

練習：敏捷輪盤

用以下幾個類別項目判斷你目前狀況，與你對變革的期望，並畫出你目前情況的敏捷輪盤。

考慮以下的問題：

- 每個成員的敏捷輪盤都畫出來後，看看它們之間有多相同或多不類似？
- 了解原因，並開啟討論。
- 根據討論的結果，進一步探討你們要採取哪些策略。

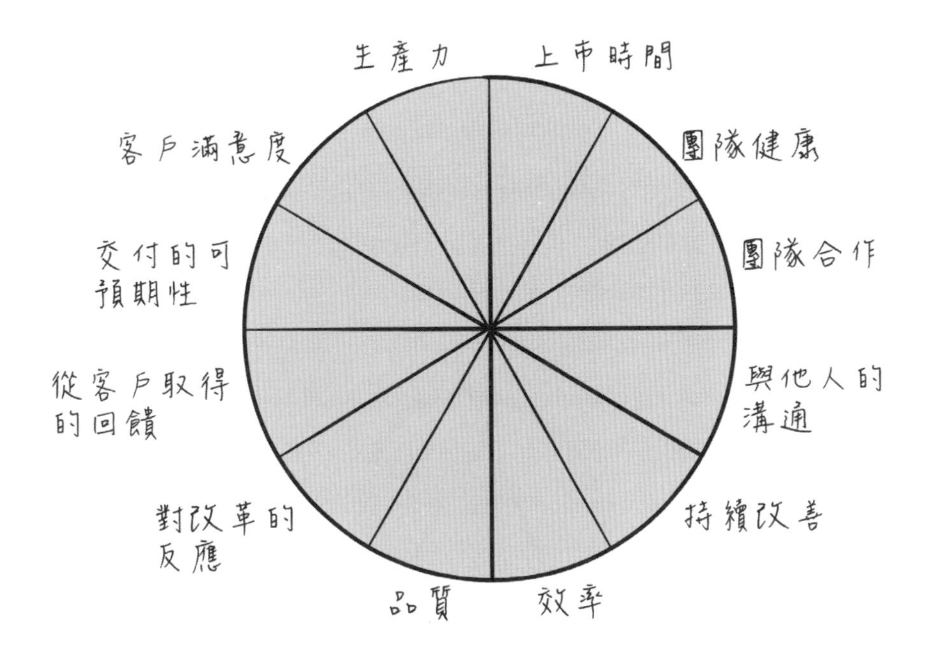

改變行為

實作敏捷與 Scrum 代表著龐大的改變。ScrumMaster 應該扮演組織的嚮導，並帶領著組織走過變革的過程。關於變革，ScrumMaster 必須了解兩個重要的觀念：第一個是 ORCS 框架 [4] 所提出，把變革形容為一個邊界：「在已知與未知中間的那條線稱為邊界，這是我們自我了解的極限，每當你想要嘗試新的行為、主意或看法時，你就正在跨越這條邊界，只要團隊與成員持續成長，就永遠會有新的前線與邊界等著被探索 [21]。」

每次變革的路上都有幾個小邊界必須跨越，ScrumMaster 的角色是了解這些邊界，並幫助成員、團隊與組織跨越這些邊界。同時，不同的人與組織內的部門也會有不同的挑戰要克服。

要記住，ScrumMaster 心態模式中最務實的方法是教練法（Coaching）。如同爬山一樣，作為一個好的嚮導，ScrumMaster 應該在人們準備妥當時，幫助他們跨越稜線的最高點，而不是把他們直接從山上推下去。

成功變革八步驟

關於變革管理，第二個重要的概念是以八個步驟 [22] 來實行成功的變革。它有以下的變革步驟：第一，先做好準備；第二，決定要作什麼並讓它發生；最後，堅持下去並達成目標。

建立迫切感

實施任何變革的第一步是建立迫切感，讓變革變得是必要的。因為，只有當你們對目前的做事流程感到痛苦，你們才會覺得迫切需要改變。變革有大有小，大的像是敏捷轉型，小的像是把 CVS 改為 Git。不管變革的規模為何，只要沒有好的動機和理由就不會有任何改變。在提出轉機與威脅時都要誠實並透明，否則你可能會失去他人對你的信任。

引導團隊

一個獨立個體，很難去改變任何人。你應該先把焦點放在早期採用者（early adopters）並鼓勵他們成為你的團隊的一份子。你會需要一群有熱情、善於溝通與領導能力的人，讓這個團體盡量多元化。如果想要接觸更廣泛的受眾，這群人就不應該遵循任何組織架構。一般來說，假如你們已經有三個人，你們就已經擁有造成滾雪球效應的能力，能夠不斷影響其他人。

變革願景

在改變過程中，另一個重要的部分是創造對於變革的願景與策略。對於要完成什麼可以有成千上萬個想法，但你必須把改革清楚而簡單的呈現在大家面前，讓大家能夠了解；記得確保你的變革團隊的任何一位成員都有能力可以在五分鐘內解釋這些東西給大家聽。

思考一下你想達成的真正的目標——不太可能是敏捷（因為那只是達成目標的其中一個策略）。你的目標比較可能會是變得更有彈性、增進品質，與改善顧客滿意度。

理解與買帳

現在最困難的來了。不管你的願景有多大，或是你有多相信這個願景，你必須向其他人行銷它。每個人都有不同的擔憂，以及各自的成長背景，所以變革也會對他們產生不同的影響。因此你必須當個好的聆聽者，了解他們的背景，還要有能力去點燃他們的熱情。你同樣也需要耐心，因為有些人需要比較長的時間對你的新想法買帳。千萬不要因為一次又一次的訴說你的願景而感到挫折，關於變革這件事，需要花一點時間讓別人吸收理解。

賦權他人行動

這部分的變革管理其實和 ScrumMaster 所做的事情相當接近。為了要賦權他人，讓他們能夠做出行動，你必須移除其中的障礙，如此才能讓對方更為輕易做出改變。如果在這時有能力建立自組織團隊，會有相當大的幫助。

這不只是排除阻礙他人的絆腳石，還要對於這些已經跨出變革步伐的人表達認同與贊賞。

短期成功

要頻繁的宣告成功。雖然有長期願景與挑戰目標是很棒的事，但在過程當中，你需要訂立幾個小目標來慶祝已完成的進度。試著把小目標訂得簡單一點，如此一來你就可以早些慶祝，進而增加全體的正面能量。「我知道它很有挑戰性，有的時候會累得喘不過氣來，但最後我們會成功的！」

你需要不斷反省並調整策略，因為通常無法在一開始就做出詳細的變革計畫，所以你要見機行事。此外，你也要坦誠宣告失敗，如果你試著去隱藏它，那只會讓大家把失敗演變成閒言閒語，這可能會摧毀你對變革所做的努力。

不要懈怠

當眾人還在急於找到一個舒適的狀態，某些變革會導致失敗，這是因為大家太早宣告事情已經完成。而且如果之後還沒有讓他們遇上難題，這種做法遲早會變成一種慣例。

早點宣告成功，或許看起來像是好的激勵，但長期來看，這通常會摧毀整個變革。例如宣告：「從現在起，我們已經敏捷了。」通常會讓團隊回說：「既然我們已經敏捷了，那我們就不需要再做出改變。」而顯得有些諷刺。

所以到了某個特定階段之後，是不是我們就不再需要改變、不再需要努力呢？當然不是。「完美」不是一個狀態，它是一段永不結束的旅程。改變永遠不會停止，目標可以一直延伸與調整，但不會有最後的終點。

建立新的文化

最後一步是讓變革持續下去，讓新的工作方法成為文化的一部份。然後我們的目的就達到了，也不需要再對此進行討論。

隨著人們慢慢接受了新的工作方式，你可能會聽到他們很自然的說出一些，以前不會說出口的事：

> 「我們不會死照著計畫走。我們要一起參與、一起規畫，然後隨著回饋做出改變。」

> 「我們不是只是來寫程式的。我們需要客戶的回饋來更了解客戶，並讓他們覺得開心。」

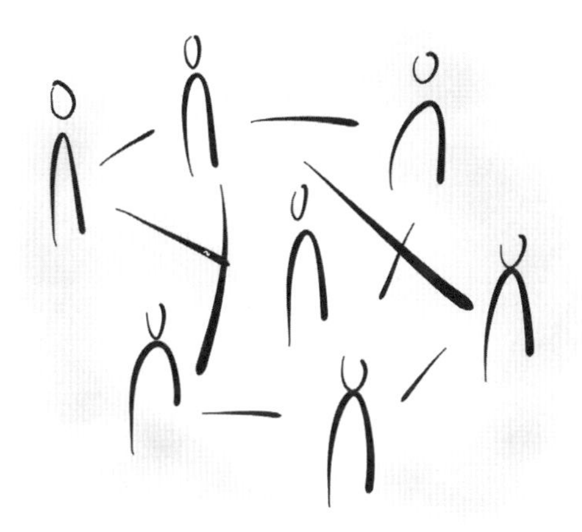

給優秀 ScrumMaster 的提示：

- 理解團隊的動態，有能力分辨這群人是一盤散沙、一個好的團隊，還是一個優秀的團隊。
- 先移除團隊管理的五大障礙，團隊才能夠進化。
- 毒素會讓團隊無法蓬勃發展。
- 每次變革都很困難。你必須要有很棒的理由與高度的行動力才能做出改變。
- 抗拒，是面對變革的常見反應，別逼得太緊。
- 優秀 ScrumMaster 是在自己身邊創造出更多領導者的一個領導者。

CHAPTER 07

ScrumMaster 的工具箱

優秀 ScrumMaster 平常需要理解並使用很多工具，本章先從人們要如何變成大師開始。

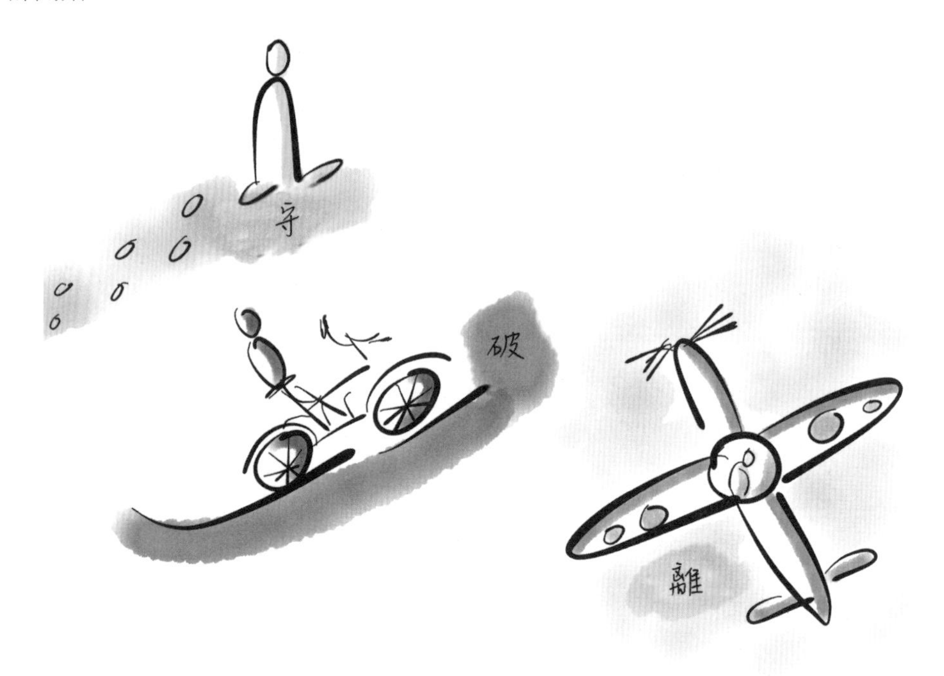

掌握守、破、離

日本文化頗具啟發性，敏捷社群從日本的武術文化借用了「守、破、離」的概念 [23]。

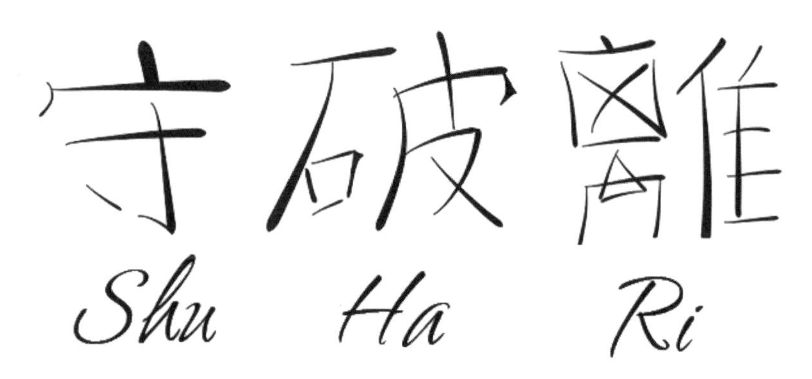

在「守」的階段，我們不斷的練習、重複前人所留下來的形式，時時規範自己，不對這些形式作任何修改，直到身體學會了、吸收了這些形式為止。接著，是「破」的境界。當我們累積了足夠的紀律，直到完全掌握了這些形式，才能夠做出變化。在這個過程中，形式有可能被打破或捨棄。

最後，是「離」的境界。在這個境界，我們已經完全脫離了形式，對有創意的做法敞開心門，達到隨心所欲而不逾矩的境界 [24]。

守

「守」是最一開始的階段。在「守」的時候，人們會向老師學習、聽從老師的指令、學會基本的技巧。這是個訓練的階段，要不斷地重複個人的練習與修為。像是新兵入營一樣，必須等到所有技能都變成你的自然反應之後，才結束這個訓練階段。這些技能如同走路、呼吸一般，你在使用時不需先想到它。

在實施 Scrum 的「守」字階段，團隊應專注於反複磨練每一項實作的細節，例如「我們該怎麼做計畫？」以及「使用者故事要怎麼寫？」

該怎麼做？

- 鑽研每一項實作方法。
- 聽從建議。
- 不要放棄。事情會照它應當的方式進行。
- 要有耐心。訓練肌肉記憶是需要時間的。

破

第二層境界是「破」。因為在前一個階段，所有的技巧都已經學會，並且吸收成了肌肉記憶，所以進入這個階段，人們會開始往使用目的更深入一點。根據所擁有的深厚知識與基礎，在這個階段人們可以不再執著於特定的應用，並結合來自數個老師或指導者的建議。

在實施 Scrum 的「破」字階段，團隊應該專注於回答類似以下的問題：「這個作法背後的原因是什麼？從心理層面而言，Scrum 是如何運作的？這幾個部分的實作是怎麼互相影響的？」

該怎麼做？

- **檢視並調適，建立你自己的風格，但保持住原有的意義與哲學。**
- **深入了解使用的目的。**
- **以情境出發，思考這些實作、觀念與框架是如何相互支援或是相互排斥。**

離

最後來到「離」的階段。在這個階段，人們並不互相學習，而是從各自的實際應用與經驗之中學到東西。他們從「守」的階段中學到了扎實的基礎，在「破」的階段中有更深的了解，最後他們會成為老師，並建立他們自己的觀念與實作方式。

在實施 Scrum 的「離」字階段，團隊要開始想著是否能在軟體開發的領域之外採用 Scrum，例如行銷、業務、維運、客服中心或是他們的私人生活。

該怎麼做？

- **從自己的實作與經驗當中學習。**
- **培養並分享新的概念，並傳授他人。**

應用

守破離的概念對 ScrumMaster 特別重要，因為他們必須分辨出團隊在哪一個階段，並調整對應的方法。以下是一個常見的情況：

團隊上過了培訓課程，也完成了幾個短衝，但某些事情對目前的他們並不容易，例如站立會議。所以他們建議，能不能不要這麼頻繁的進行，或是，能不能乾脆不要開站立會議。

但是，這樣的團隊還沒有扎實的基礎，不可以就這樣跳過「守」與「破」，直接進入「離」。這樣抄捷徑永遠不會變成大師，只是一群自我感覺良好的人在假裝自己是大師。

在守破離各個階段都會花點時間（常常是以年為單位計算），所以要有耐心。就算是走路、跑步或騎腳踏車，在你還小的時候也是花了好幾年才學會的。

練習：守、破、離

你的團隊現在在哪個階段？

☐ 守

☐ 破

☐ 離

他們需要什麼來理解或實際執行？

____

____

____

系統規則

之前的章節有說到，ScrumMaster 必須在系統層次工作。要在這個層次成功的重要核心元素是：「相信每個人都是對的，但只有部分是對的。」[25] 這樣簡單的一句話會幫助你相信每個聲音都值得聆聽。在系統層次你不能選邊站，它無關於決定誰對誰錯。任何人發出的每條陳述，都是系統所發出的一個訊號，試著吸引你的注意，尤其是在變革與轉型時，整個系統可能遭受挫折、驚嚇或是不舒服，對成員來說也是一樣，而 ScrumMaster 的角色是去教練整個系統，以重新取得平衡與穩定。

優秀的 ScrumMaster 總是孜孜不倦地找尋不同種類的訊號，然後 ScrumMaster 會像鏡子一樣，把這些訊號反射回系統中。這些訊號幾乎是你所能感知的任何事物。可以是抱怨的、生氣的或是感到挫折的人；也可以是在會議中表現的安靜、不說話的人；或是會議中互相指著對方而不勇於接下責任的人；更可以是因為某個問題無法被解決而尋找原因的人。只要你真心相信這些信號裡面都含有部分的真實，就可以把這些信號反射回系統。

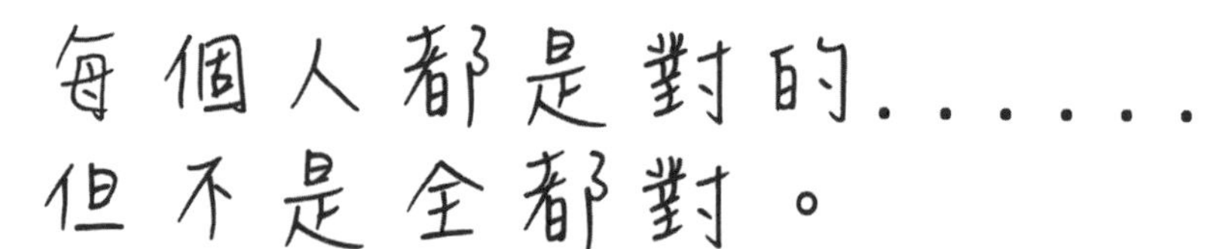

舉例說明：改善

試著想像你以一個 ScrumMaster 的身份剛加入了一個新的 Scrum 團隊。從主管的說法看來，他們的情況應該是不錯的，而且當你去詢問團隊成員，也確定這樣的事實。

但是，系統送出了某些訊號，暗示著事實可能恰好相反。例如：在會議中並沒有進行真正的討論、他們的短衝自省會議也缺乏深度的理解，導致沒有真正的改善、他們並不抱怨，但他們也不是真正優秀的 Scrum 團隊。

這樣的情況其實相當常見，你只需對這些從系統而來的訊號更敏感些。以這個狀況而言，訊號是檯面上的和諧與缺乏更深層的理解，你要把這個訊號反射回去給團隊，如此一來，他們就可以了解發生了什麼事情並且做出改變。

舉例說明：產品負責人

另外一個例子是，團隊不願意在短衝檢視會議中展示產品。

你會聽到來自系統的聲音：「開發人員不擅長上台報告」與「產品負責人應該上台報告，因為他是決定要做這個功能的人。」你可能想要著手教團隊成員們如何上台報告，或可能想用不悅的語調告訴他們，因為是 Scrum 所以必須要上台報告。在你做這些事情之前，先想想，在系統層面你可以做什麼？系統正試著跟你說些什麼？

或許他們的確不擅長上台報告，又或者是因為產品負責人並不是團隊的一部份，結果導致他們不相信這個產品。他們部份是正確的，但背後還躲著更大的情境。你只要把這個情境揭示給整個系統，然後他們就會做出對應的調整了，以一個團隊的姿態。

舉例說明：挫折

團隊正處於敏捷與 Scrum 轉型的旅程初期，這時期通常最大的挑戰是對「跨職能」的了解與應用。

想像一個人以些微怪異的方式表達他的挫折感，不過這就是人們在壓力之下會做的事，對吧？例如在站立會議時，有人說：「這個短衝沒有我能做的工作，所以我昨天什麼都沒做，今天也一樣，沒有東西卡住我。」

你可能會生氣，而其他團隊成員可能會笑出來，但你唯一從系統聽到的聲音是「事情不對勁，幫幫我們吧！」如果你先壓抑怒氣，表現出好奇的模樣，你或許會發現那個聲音是來自一個更根本的原因。例如，可能這群人是依據規格在做事的一盤散沙，而他們大部分的人都不知道產品待辦事項是幹嘛用的，所以他們可說是完完全全迷失了。他們可能試著向外界溝通過一千次，表示他們無法想像 Scrum 怎麼可能會有用，可是卻沒人答理。

所以的確，他們有一部份是正確的。Scrum 不適合現在的他們，他們需要改變他們工作的方法，來讓 Scrum 發揮作用，而這正是 ScrumMaster 所必須做的：理解這些訊號，並幫助系統知道，他們自己才是唯一能修正這個狀況的人。在這個例子中，ScrumMaster 不只要解釋他們應該做些什麼，以及為什麼需要，並引導他們走過變革的整個過程。

正面想法

擁有正面想法是任何系統或是個人成功的要素，這點在工作或是個人生活當中也是一樣。John Gottman 分析婚姻或一段關係之中，正面事物的比例，發現它與婚姻或關係的穩定度之間，有非常高的相關性。隨後 Marcial Losada 也同樣使用負面－正面的比例，對企業內部的團隊做了類似的實驗。他們兩位所得到的結論出乎意料的一致。

在每個優秀的系統裡，正面積極事件對負面消極事件的比例，應為三比一到五比一，所以作為一個 ScrumMaster，如果能夠使團隊維持高昂的積極正面，那麼就等於成功了一半。

以下是一些研究文獻的結果：

> 如果一個系統正面積極的事件對負面消極的事件的比例為三比一到五比一，那麼這個系統很有可能會一直成長茁壯 [26]。
>
> 研究結果顯示當比值為 3.0 到 6.0 時，與高績效成高度正相關 [27]。

如果正面積極事件為負面消極事件的五倍以上，則該團隊的成功率相當高 [28]。

如何增加正面積極態度

以下是增加正面積極態度的幾個簡單的方法：

◆ **用短衝自省會議增加正面積極態度**

永遠不要只把短衝自省會議拿來討論問題，也要花很多時間在那些美好的、人們想要維持或做得更多的事物上。與其一直做加號 / 三角形評估分析，偶爾也弄些有創意的事情，像是讓大家一起畫條船。在自省會議的各式進行方法之中，我最喜歡的是詢問大家在上個短衝時，有什麼事情是會讓你微笑的，而不是只是用傳統的加號。

◆ **以正面積極的角度看問題**

每杯水都可以視為半空或半滿。對於發生在你團隊的事件或問題也是一樣。

◆ **視覺化正面的事件並慶祝成功**

做一道「正面能量牆」，不要遺漏任何可以慶祝的機會。我們有團隊成員不時會帶蛋糕到 demo 會議中。至於其他場合，我們會下班後出去慶祝，一起喝一杯。

◆ **莫急莫慌莫害怕**

就算情況看起來很艱難，這時候也要更正面、更積極，微笑以待 ☺。

引導

引導是每位 ScrumMaster 的核心實踐能力，所以讓我們來看看如何成為一個更好的引導者。首先，引導是定義討論的框架與流程，而不是討論的內容本身。引導在進行溝通的過程中，是一個具有架構的流程，但並不是在任何情況下都遵循一樣的計畫。好的引導者應該具備彈性，隨時準備修改他的討論議程。

優秀的引導者該具備什麼態度與行為呢？他必須是個好的聆聽者，能聽見每個人的聲音，以增加成員的積極度與彈性。他能善用直覺，但也不會太拘泥於一個簡單的想法。引導者也能覺察到會議室裡面的能量，並作出相對應的調整。他必需事先做好準備，並且具有彈性，沒有任何不變的結構或是計畫。

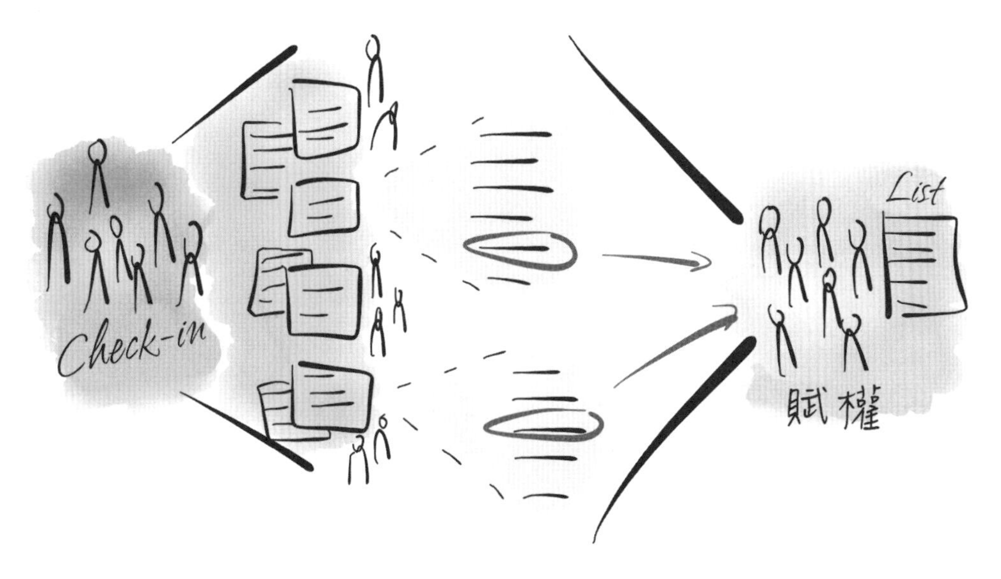

該怎麼做？

- 引導者對討論的流程負責，不對討論的內容負責。
- 在每個會議開始前，會定義一個清楚的目標跟預期產出物。

- 和與會者一起檢視會議的目的與結果。
- 以強而有力的開場展開會議。
- 在會議開始與結束前，會做一些 Check-in[1] 活動。
- 解釋停車格[2] 的作用並使用之。
- 不會太拘泥於原本的計畫。如果實際討論狀況發生了變化，調整計畫以適應團隊的需要。
- 進行發散、收斂討論，以增進大家的理解並蒐集更多不同的意見。

會議開始之前

在每次會議開始前，引導者必須確定會議有明確的目的，亦即為什麼要開這個會。遵循 SMART 原則（Specific 具體的，Measurable 可測量的，Achievable and Agreed 可達成的與商定的，Realistic 實際的，Timed 準時的），如果目的不存在，就別開那個會了。

譯註 1 與會者在進入會議以前的 Check-in 是指能讓剛進來的參與者在身心方面能更進入狀況的活動；在會議要結束之前的 Check-in 是指能讓與會者在身心方面能更確認會議結果的活動。

譯註 2 停車格是指，當討論發散到別的主題上時，先把那個主題與討論寫在便利貼上，並貼在一個區域裡。此區域稱之為停車格，表示該主題先暫時擱在一處，待會再回過頭來討論。

當你有了目的後，為了讓會議成功，要思考一下會議結束之後要有什麼產出。這些產出物可分為三類：

- **頭**：可以學習的任何東西，例如技能、點子與狀況更新等等。
- **心**：尋求認同、信任、參與和興奮感。
- **手**：建立一些有形的產出，例如行動計畫，時間軸或是列表等等。

最後，想想看誰會參與會議、會議的時間地點，與你會如何引導這個會議。

會議進行途中

會議的第一分鐘是極其重要的，引導者要有個強而有力的開場，開啟該場會議。要關心與會者的活躍與參與程度，要把會議的目的、預期的產出物與議程分享給與會者，讓他們知道、檢視，並思考這個會議對他們的益處。

在會議中，引導者會使用多種工具，像是腦力激盪（Brain Storming）、列表與分群、排列優先順序、兩兩一組或多人一組、發散與收斂討論等等，最後會得到預期的產出物並結束會議。

在會議結束前，不要忘記總結一下會議。再次檢視會議結果是否符合會議一開始的目的，與下一步的行動計畫。

舉例說明：自省會議

自省會議是 Scrum 框架內最常見的一個會議，在下面的例子裡，我們準備了一個清單以利讀者引導自省會議，這個例子展示了如何使用前述的引導理論。當然，實際引導自省會議的方法可能會因為團隊、情況與其他因素的不同而有所改變。

會議前

- ♦ 目的
  - ☐ 持續改善我們的流程

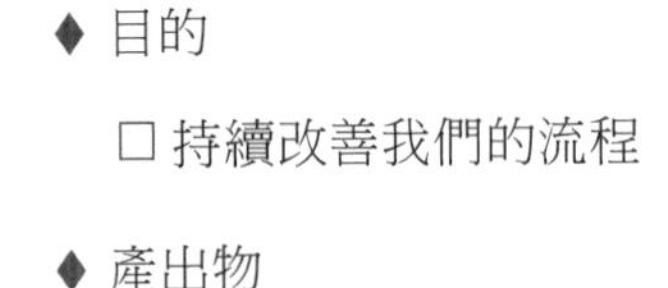

- ♦ 產出物
  - ☐ 了解目前的狀況
  - ☐ 參與度與承擔責任的意願
  - ☐ 下一個短衝要做的明確行動方案（Action Item）
- ♦ 誰
  - ☐ 開發團隊與產品負責人
- ♦ 何時
  - ☐ 在短衝結束時
- ♦ 時間長度
  - ☐ 一小時

會議進行中

1. 以 Check-in 活動作為自省會議的開始，來提高與會者的參與程度、開啟他們的創意。例如，以天氣當作 Check-in 的活動：「假如你是天氣的話，你會是哪種天氣？」（一分鐘）
2. 解釋會議的格式，並再次檢視會議的目的與預期產出物，畫出停車格的區域給額外出現、但不屬於自省會議的想法。（兩分鐘）

3. 發散議題。讓團隊畫分要討論的範圍。你可以使用加號 / 三角形評估分析。其中加號是指短衝內表現得好的事情，三角形是指短衝內哪些事情可以做得更好。此外，你也可以使用星星貼紙。
4. 收斂議題。請團隊把類似的主題集中為群組，並對每群加上一個能形容該群的標籤。
5. 使用圓點貼紙來投票，排出優先順序。
6. 對最重要的主題再次發散，此時可用根本原因分析法（Root-Cause Analysis）或是腦力激盪法，讓團隊產生更多想法。
7. 讓團隊選出幾個行動方案在下個短衝執行以收斂議題。
8. 重複前兩個步驟，直到預定的時間差不多用完。
9. 重新檢視行動方案，把討論畫上句點。

最後，在結束會議之前再做一次 Check-in 活動，比方像是「用一個字來表達這次自省會議給你的感覺」。

教練法

教練法是每個 ScrumMaster 最重要的技能之一。教練法意味著喚起自我意識與自我實現，這會幫助人們想出有創意的解法，與找到他們發展過程最終想要達成的目標。教練法並不只是分享經驗、教學或是提供建議而已，這是教練法與輔導法不同之處。

藉由釋放人們的潛力去讓對方的表現發揮到極致。這是在幫助他們學習，而不只是教導他們 [29]。

教練法是與客戶成為夥伴，經由激發想法與創意的過程，盡可能發揮客戶個人與專業上的潛力 [30]。

教練法並不僅限於使用在個人身上，也可以成功的應用在團隊、群體與組織上。當在團隊、群體與組織使用教練法時，教練會把較多的焦點擺在「關係系統智慧」（Relationship System Intelligence）上。「在情感智慧（Emotional Intelligence）與社交智慧（Social Intelligence）之外，就是關係系統智慧的領域。在此領域中，應把焦點移到群體、團隊與系統相互之間的關係。」[4]，對於 ScrumMaster 而言，這種教練模型在幫助組織成長方面會特別有用。

你要如何成為一名教練呢？你要專注於「傾聽」的能力：不要給建議，而是幫助人們想出自己的答案。身為一名教練，你不應該干涉太多。你所教練的團隊應該要自己發想出屬於自己的解決方案，而你唯一的任務是調整那面「鏡子」，讓他們擁有更高的敏感度去找出新的視角與觀點。

教練法最基本的技巧是問出好問題的能力，好的問題能啟動思考的流程。問出好問題時，不應該在心裡有預設的正確解答，能增加人們覺察能力與啟動思考流程的問題幾乎都是開放性的。這些問題的回答可能會非常的長，而不會只是簡單的是 / 不是的答案而已。

強而有力的問題

在教練法的對話過程中，有很多強而有力的問題你可以使用，以下是我最喜歡的幾個：

- 你想要達成 / 改變 / 得到什麼？
- 你覺得現在有什麼事情是重要的？
- 你心中完美的站立會議是怎樣的？
- 什麼事情做得不錯？
- 到目前為止，你的進展為何？
- 為了要達成你的目標，你需要改變些什麼？
- 針對這個事情，你能做些什麼？
- 你會採取哪些不一樣的做法？
- 有沒有哪些事情是你必須停止，不要再做的？
- 還有沒想到的嗎？
- 接下來做什麼？

練習：強而有力的問題

練習如何問出強而有力的問題，鍛鍊你這方面的能力。寫下幾個你下次想要用的問題，你可以參考我上面提的或是任何其他線上的資源，例如 coactive.com [31] 或是 Agile Coaching Institute [32] 的教練卡片。

___

___

___

根本原因分析法（Root-Cause Analysis）

作為 ScrumMaster，不是忙於面對團隊的症狀與現象，就是學習如何找出問題的原因，這是被動處理與主動面對的差別。前者的 ScrumMaster 會對救火感到疲乏，因為再也沒有太多力氣與能量去搞定問題真正的來源；但後者的 ScrumMaster 等火燒完、清理殘局以後，會好整以暇的找出問題的根本原因與其解法，讓這個問題以後不會再次發生。

當然，典型的例子是程式的 bug。在傳統世界裡，你會把你所有的能力專注在解決 bug 上；在敏捷的世界裡，我們也會去修 bug，但更重要的是，我們解決的是讓應用程式發生 bug 的根本原因，比方寫個自動化測試以避免問題、調整我們的流程，或是做結對程式設計（pair programming）與程式碼審核（code review）。

大部分關於根本原因分析法的文獻，都寫了一個很複雜的流程來找到問題的根本，但大部分的情況下，這並不是必要的。你可以試著遵循簡要的概念，看看這些概念是否能幫助你更了解問題。

注意：

- 每個團隊與組織都像是有機體，也是會「生病」的。
- 不要只專注在治療症狀。
- 把焦點放在解決病因上，就可以一次解決數個症狀。
- 要主動面對，而不是被動的處理。

魚骨圖

魚骨圖是最常用來分析根本原因的方法之一，又稱為石川圖（Ishigawa）。有很多方法可以做出這種圖，但最常用的是以五個 W 問句來提問：what、where、when、who，以及 why。這樣會幫助你從不同的角度與觀點來看問題，並找出問題的根本原因。

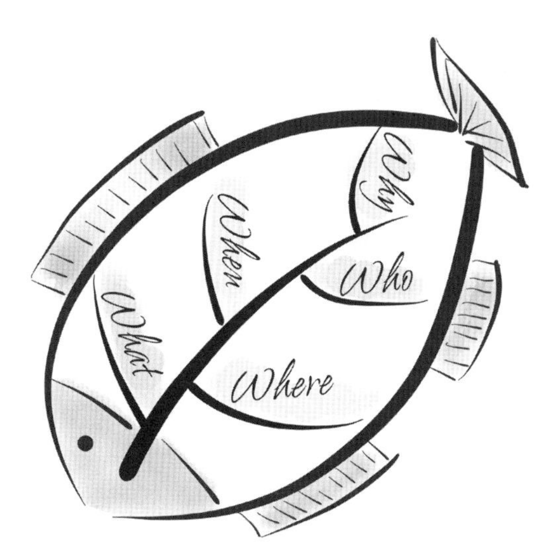

舉例說明：可預期性

我們永遠無法知道下一次釋出（release）是什麼時候會準備好，根本無法預期。

「什麼讓我們無法預測下次的釋出？」

『一路以來，總是有改變一直在發生。』

「那些改變是從哪裡來的？」

『通常是來自於 CEO，他對產品總是有未來的願景與看法。還有一些是來自使用者，但改變通常不大。』

「什麼時候是關鍵時刻？」

『行銷部門為了要準備促銷活動所以需要預覽產品內容，於是逼著我們在上線前的幾個短衝承諾了要交付某些產品功能。』

「誰可以影響這些事情？」

『我們的 CEO，就是那個在展示釋出時應該要有更多次數在場，而且每次在短衝檢視會議上應該再給點意見的人。』

「為什麼他沒有出席每一次的短衝檢視會議？」

『前面幾次他有出席，但當時我們也沒交付出很多功能，所以漸漸的他就不來開會了，或許我們應該重新開始邀請他來。』

五個為什麼

第二常用來找出根本原因的工具是五個為什麼。方法蠻簡單的，就是為了循線找到根本原因，連問五次為什麼。

舉例說明：品質低落

我們的產品品質很爛，有太多 Bug 了。

「**為什麼**有這麼多 Bug？」

『因為我們不做測試。』

「**為什麼**不做測試呢？」

『有的情況有做，但整個系統太複雜了，我們無法了解每個情境是如何作用的。』

「**為什麼**無法了解呢？」

『我們不知道使用者是怎麼使用我們的系統。』

「**為什麼**不知道使用者是怎麼使用系統呢？」

『我們從沒見過我們的使用者，也沒有從他們那邊尋求回饋。』

「**為什麼**不尋求回饋呢？」

『因為我們以為那是產品負責人的工作。』

影響地圖

影響地圖（Impact Mapping）[6] 在產品開發有關的領域中常被提到，但在關於組織變革、敏捷導入或是實作 Scrum 的任何策略規劃方面都非常有用。

影響地圖是一個策略規劃的技巧，這個技巧可以避免組織在打造產品與交付專案時迷失。藉由清楚地溝通假設，幫助各團隊對準整體的商業目標，並作出更佳的決策方向。[33]

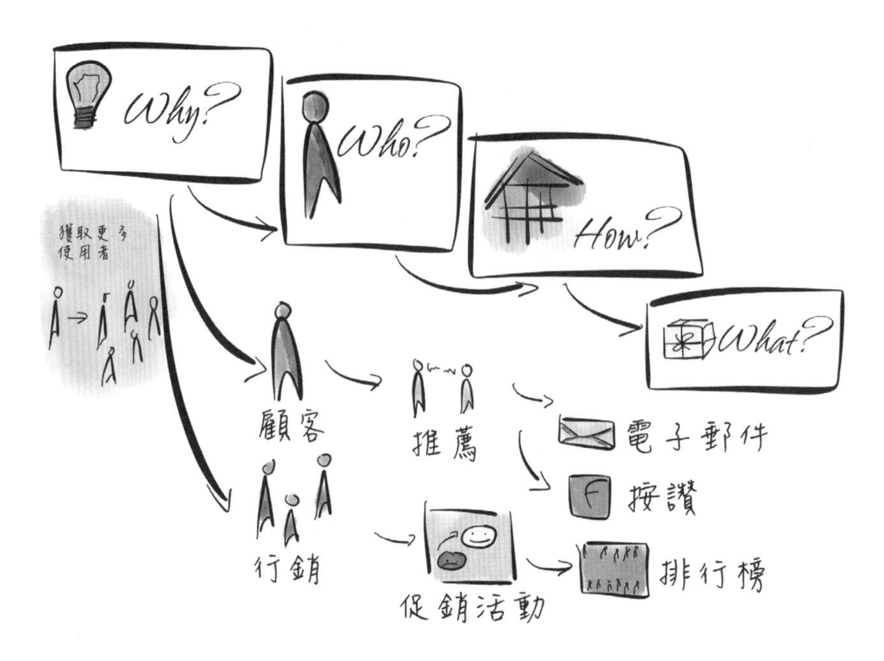

影響地圖是一種有創意的技巧，畫出影響地圖的方法是在畫心智圖時回答以下問題：

- **「我們為什麼要做這個？」**

  由目標開始，這個目標要符合 SMART 原則（如前所述：specific、measurable、achievable 及 agreed、realistic、timed）。

- **「誰可以做出我們想要的效果？」**

  把焦點放在行動者（actor）——也就是可以給你支援的人、對目標造成阻礙的人以及會被影響到的人。

- **「這些行動者的行為應該變成怎樣？」**

  深入調查行動者的影響（Impact）。在上一步提到的行動者可以怎麼幫助你達成目標，或是阻礙你不讓你成功。

- **「我們可以做些什麼來支援這樣的影響？」**

  先思考想要的成果與產出物，以及你們可以做些什麼來催生它們？

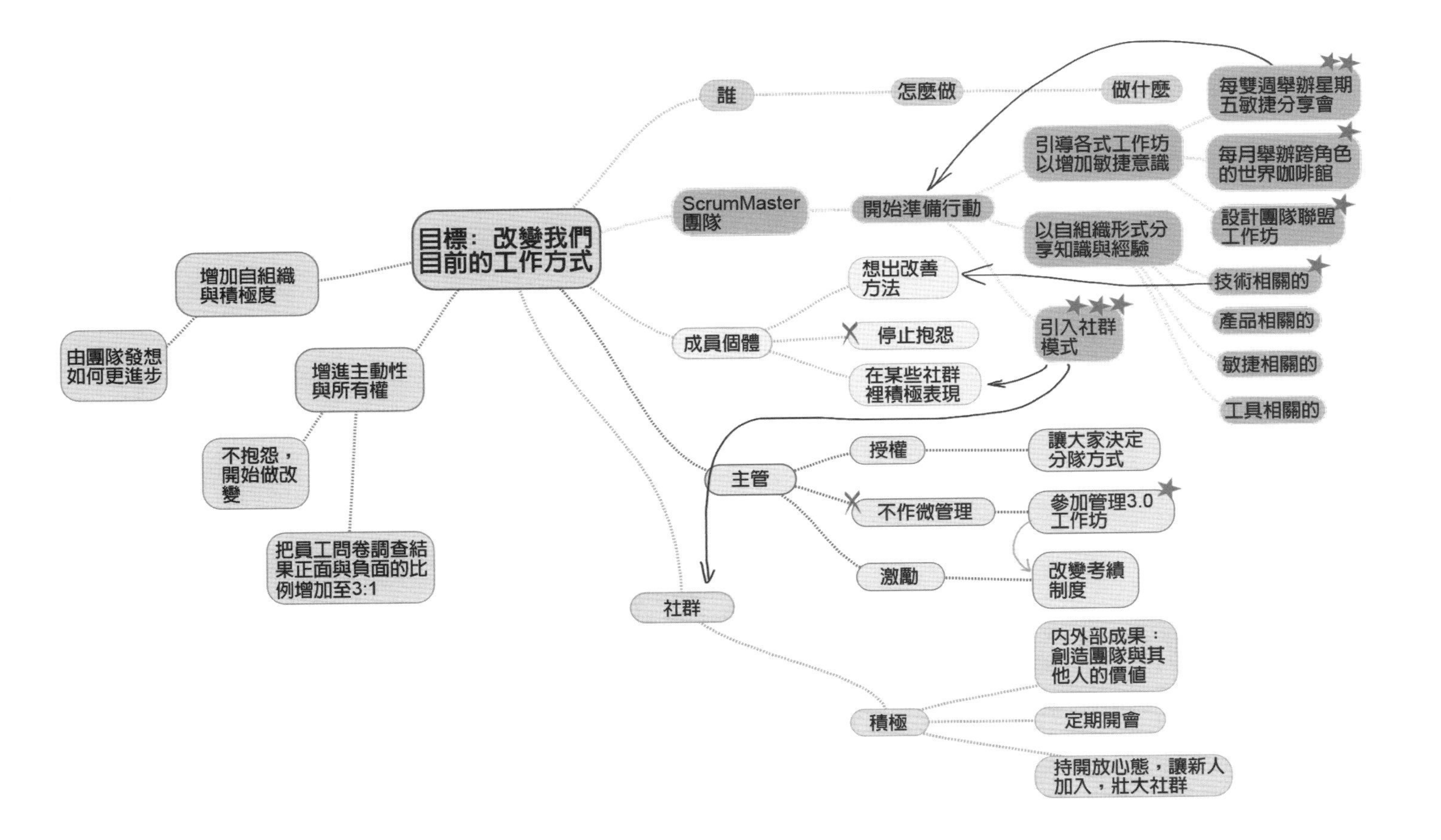
目標：改變我們目前的工作方式
誰
怎麼做
做什麼
ScrumMaster 團隊
開始準備行動
引導各式工作坊以增加敏捷意識
以自組織形式分享知識與經驗
每雙週舉辦星期五敏捷分享會
每月舉辦跨角色的世界咖啡館
設計團隊聯盟工作坊
技術相關的
產品相關的
敏捷相關的
工具相關的
成員個體
想出改善方法
停止抱怨
在某些社群裡積極表現
引入社群模式
主管
授權
讓大家決定分隊方式
不作微管理
參加管理3.0工作坊
激勵
改變考績制度
社群
積極
內外部成果：創造團隊與其他人的價值
定期開會
持開放心態，讓新人加入，壯大社群
增加自組織與積極度
由團隊發想如何更進步
增進主動性與所有權
不抱怨，開始做改變
把員工問卷調查結果正面與負面的比例增加至3:1

舉例說明：影響地圖

想像你在一間已經使用了敏捷與 Scrum 的公司上班，作為一個 ScrumMaster，你的職責是讓公司的文化持續進步、賦權給人們、增加動機與增強他們的積極性，要怎麼做呢？你可以使用影響地圖這個技巧：

先由定義目標開始，不要太急。一般來說，腦子裡跳出來的第一個目標通常不會是正確的。你要想一些有價值的事情，那些達成了以後會讓你覺得驕傲的事情，然後量化它、測量它，如此一來，你才能真切的知道這件事真的被完成了。（見心智圖的左半部）

下一步，想想看行動者是哪些人。行動者指的是可以幫助你建立一個積極、正面與充滿動機的環境，也就是你的目標。在這個例子中，行動者有：ScrumMaster 所組成的團隊、敏捷團隊的成員與主管們。

現在來看看你想要使他們有怎樣的改變。例如 ScrumMaster 應該展開新的行動，而不只是被團隊與團隊遇到的障礙所佔滿。至於主管們，你會希望他們停止微管理團隊，因為這樣真的會摧毀你們的公司文化與其他等等的東西。

接下來是你可以做些什麼來支持你所想要達到的目標。例如組織一個「星期五敏捷分享會」來分享經驗，把社群模式引進公司內部之類。

把圖畫出來以後，你可以在每個分支的項目上，用星星來評量它們預期會產生影響的程度。

接著是思考圖上這些行動之間的影響。某些可能會互相加成，而某些可能會互相抵銷。

最後要注意，這張影響地圖永遠不會有完成的一天，你要定期根據組織的進展與公司環境上的變動而去更新這張圖。

Scrum 的大規模化

最常見的問題之一是，當產品比較大且團隊比較多時，該如何採用 Scrum。大規模化的 Scrum 框架有許多種建議的做法，我個人相信越簡單的越好。Scrum 本身就是個非常簡單而以經驗為導向的框架，它並沒有太多的規則、角色與會議，那麼我們為何要用僵硬而無彈性的方法來大規模化 Scrum 呢？所以，我的選擇很顯然的會是 LeSS（Large Scale Scrum）框架。LeSS 夠簡單，可以在大規模的環境中使用 Scrum。如同 Craig Larman 與 Bas Vodde 在書中所寫的「從 2005 年起，我們與客戶一起使用了 LeSS 框架以規模化 Scrum、精實與敏捷開發到大的產品群中。我們藉由 LeSS 分享這些經驗與知識，讓各位遇到大規模的問題時也可以成功。」[34]

我們就從 LeSS 最重要的部分開始談起吧。不管你的產品有多大，只會有一個產品負責人與一份產品待辦清單。如果你這樣實作，你會讓你的公司從商業觀點來看你們的產品，而不是從技術或是架構的視角來看待產品。這裡的產品負責人絕不會單獨工作，但重點是，只能有一個人決定產品的功能與開發的先後順序。此外，LeSS 把規劃會議分為兩個階段，並用一個整體反省會議來增進產品群的溝通與合作。團隊還是由各個跨職能團隊搭配 ScrumMaster 組成。大部分產出物還是與一個產品待辦清單、一個團隊的情況相同。

LeSS 是個簡單的框架，在不同企業環境中都可以表現得不錯，我在這裡不會談太多細節，LeSS 的使用已經有許多案例研究可以參考 [35]。

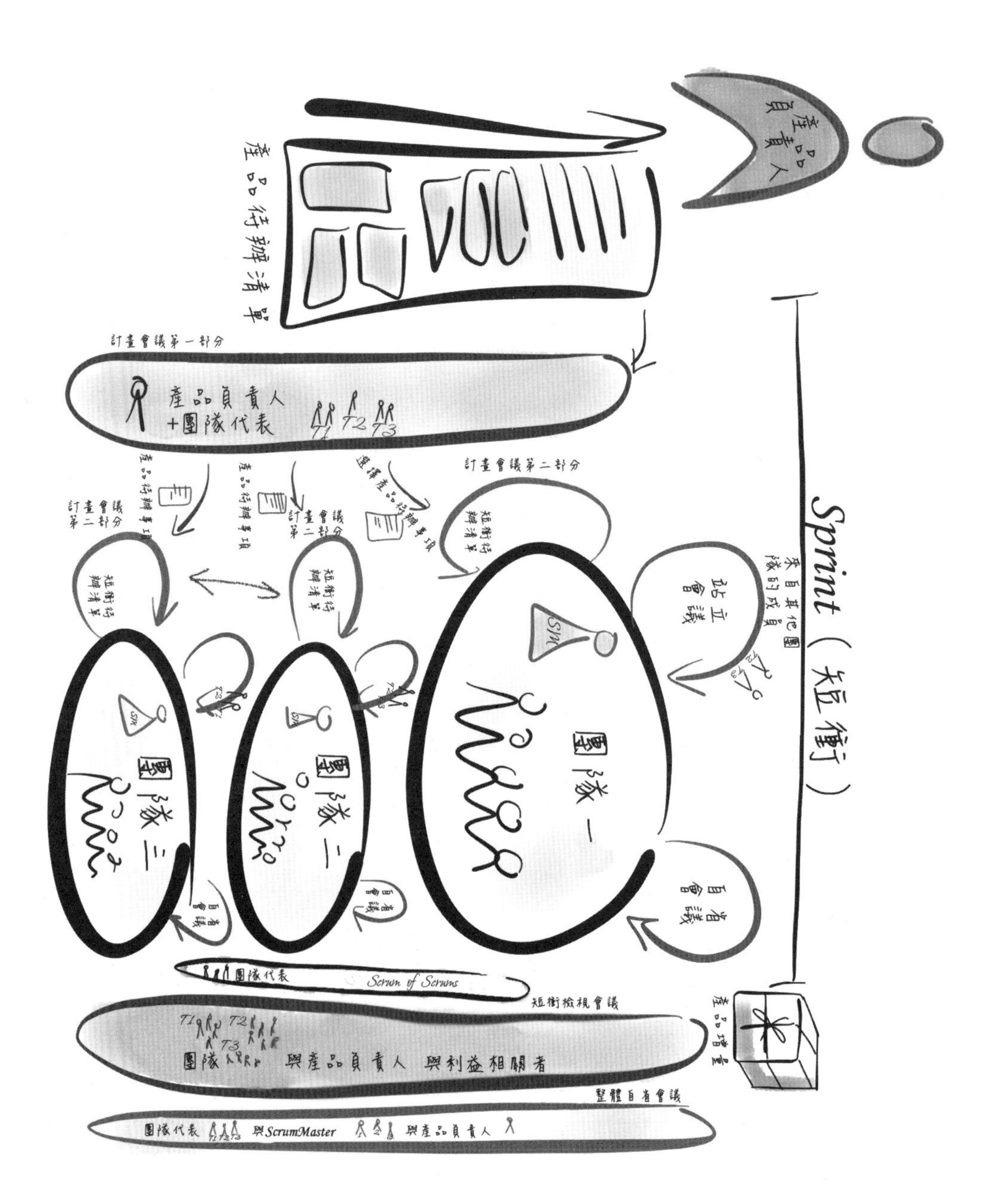

產品負責人
產品待辦清單
訂畫會議第一部分
產品負責人
+團隊代表
T1 T2 T3
產品待辦事項
訂畫會議第二部分
短衝待辦清單
選擇產品待辦事項
Sprint（短衝）
來自其他團隊的成員
站立會議
團隊一
團隊二
團隊三
自省會議
團隊代表
Scrum of Scrums
短衝檢視會議
團隊 與產品負責人 與利益相關者
產品增量
整體自省會議
團隊代表 與ScrumMaster 與產品負責人

LeSS 框架不只專注於如何安排、組織產品開發，也專注於如何在組織層面使用這個框架。這包含了精實思維、系統思考、實地觀察原則（go-see principle）、管理的角色與公司整體的組織等等。

檢查表——看板方法帶給 Scrum 的深遠洞見

要使用 Scrum 還是看板？這個問題其實從來都不成立，因為答案一定是兩個一起用。看板是 Scrum 不可分離的一部份，它是 Scrum 的調味品。沒有看板的話，Scrum 就不會那麼棒了，我們來看一下看板方法對你有多深的影響：

♦ 視覺化

□ Scrum 的工作板。

□ 團隊的個人頭像。

□ 不同的卡片顏色。

□ 用圓點貼紙標記一天無法完成的工作。

□ 在牆上視覺化有特定目的的任務 / 使用者故事地圖 / 影響地圖。

□ 在牆上視覺化產品待辦清單中，最高優先級的事情。

♦ 改善

□ 你們持續的做出改善。

□ 時常做實驗並調整。

♦ 限制 WIP（Work In Progress）

□ 一個短衝要做的工作是由短衝待辦清單限制的。

□ 每人每次最多做一個任務。

□ 團隊每次做的使用者故事是有上限的。

◆ **最小化前置時間**

☐ 短衝設為一個禮拜（越短越好）。

☐ 在板子上，沒有「卡住」這個直欄。

☐ 所有的使用者故事都在短衝結束時做完。

檢查表——極限程式設計的實踐

Scrum 與文化有關，但你也會需要實作極限開發 [36] 的開發實踐，而專注於軟體技藝。以下的檢查表是在 Scrum 會用到的一些開發實踐：

☐ 持續整合——一天數次。

☐ 共享程式碼，所有權是大家的。

☐ 程式碼的規範或慣例。

☐ 測試驅動開發（Test-Driven Development, TDD）/ 自動化測試

☐ 極簡的設計

☐ 結對程式設計

☐ 審核

☐ 時常做重構

☐ 使用者故事的句型

檢查表——產品負責人

接下來要考慮的面向是，有哪些敏捷的產品所有權的實踐方法你可以建議你的產品負責人去做的，其實有很多，但以下的檢查表是個不錯的開始：

☐ 說「不」

☐ 產品 / 發佈的章程 [37]

☐ 故事地圖與旅程 [38]

☐ 行為驅動開發（Behavior-driven development, BDD）[39]

☐ #NoEstimates [40][3]

☐ 相對權重優先排序 [41]

☐ 影響地圖 [6]

☐ 精實創業 [42]

給優秀 ScrumMaster 的提示：

♦ 注意正面能量帳戶的餘額並刻意增加它。

♦ 精通一件事需要時間。通常要花好幾年在「守」、好幾年在「破」，最後才能進入「離」的階段。

♦ 根本原因分析法是你的好朋友，針對病因做治療而不是針對症狀。

♦ 教練法是最有效的工具，去上一些有關教練法的課程，然後刻意練習，所花的經歷與金錢都會是值得的。

♦ 聆聽來自系統的聲音，並相信每個人都只有部分是正確的。

♦ 大規模並不複雜，你可以用 LeSS 得到更多。

譯注 3 大致上的意思是不花時間做不必要的估計，直接進行開發。

CHAPTER 08

我相信 ...

我相信任何人都可以成為優秀的 ScrumMaster。只要覺得 ScrumMaster 的工作很有趣，願意放棄他現在的角色跟職位，向未知的敏捷教練領域跨出第一步，也願意學習這個新方法的人，都能成為優秀的 ScrumMaster。

我相信比起傳統以階級架構為主的公司，擁有優秀 ScrumMaster 的公司會更成功，因為這些公司會更活躍、更有創意且學得更快。

我相信不管公司正處於實踐 Scrum、敏捷、精實或任何其他方法、流程的任何階段或工作方式，ScrumMaster 的角色都是必要的，甚至是成功的關鍵。

優秀的 ScrumMaster

貫穿本書的關鍵概念是 #ScrumMasterWay。優秀 ScrumMaster 的培養過程中有三個層次，這三個層次對於更大幅度的擁抱 ScrumMaster 這個角色是非常關鍵的。你不能待在「我的團隊」這個層次太久，因為最後你可能就變成了團隊的秘書，或只是個不被需要的 Scrum 小哥，你任何想做出改變的嘗試也終將徒勞無功。第二個層次是專注在與你團隊的「關係」上。你也不該在此停留太久，不管你們目前的管理模式與敏捷式的人員管理離得多遠，也不管你們目前的專案管理模式與敏捷式的產品所有權離得多遠。只有最後一個層次「整個系統」才能真正打開 ScrumMaster 的視野。到了這個層次，才正式開啟成為一個優秀 ScrumMaster 的冒險旅程。

永遠不要忘記，優秀的 ScrumMaster 首先要成為一個領導者。而作為一個好的領導者，他必須驅動自己而且有能力讓他周圍的人成功，讓他們的努力開花結果，光芒閃耀。

優秀的 ScrumMaster 是一個文化的人類學家。他必須對其他人充滿好奇心，尊重他們的工作方式與既有的習慣，他必須是充滿童趣也充滿勇氣的。

不知道 Scrum 與敏捷是否適合你們？

我會引導一個管理階層的工作坊，討論你們目前的議題、了解你們特有的狀況與關於變革的期望，然後會給你們一些敏捷與 Scrum 的指引。

在我的課程：Agile and Scrum - Practical Implementation 可以獲得更多知識與理論。

想把你的組織變得敏捷嗎？

我會用工作坊的方式，來討論你們目前的情況與針對變革提出建議。每個組織都不一樣，所以方法也會不同。

在我的課程：Agile and Scrum - Practical Implementation 可以獲得更多的知識與理論。

不知道怎麼建立一個好的產品待辦清單嗎？

在工作坊中，我們會實際從定義一個好的產品願景開始，然後建立產品章程，最後是把使用者故事定義好。我們會反覆地重新檢視你們的產品待辦清單，並讓各個產品代辦事項的品質變得更好。

在我的課程：CSPO - Certified Scrum Product Owner 可以獲得更多的知識與理論，這是由 Scrum Alliance 所授權的認證課程。

你正在尋找讓團隊變得更好的方法嗎？

正確的選擇是選用敏捷團隊教練法，通常是每個短衝我會過去探訪你們團隊一至兩次，參與一些 Scrum 事件，並作為 ScrumMaster 與團隊的教練，讓他們知道如何進步。

在我的課程：CSM - Certified Scrum Master 可以獲得更多的知識與理論，這是由 Scrum Alliance 所授權的認證課程。

想成為優秀的 ScrumMaster 嗎？

對於這種問題，我會選的方法是敏捷與企業教練。每隔一段時間，我會與 ScrumMaster 一起工作以更瞭解組織的複雜度與系統思考。

在我的課程：CSM - Certified Scrum Master 可以獲得更多的知識與理論，這是由 Scrum Alliance 所授權的認證課程。

想成為優秀的產品負責人嗎？

在我的敏捷教練課程中，我會審視產品負責人的角色、責任與技能，專注於敏捷產品所有權的部分。

在我的課程：CSPO - Certified Scrum Product Owner 可以獲得更多的知識與理論，這是由 Scrum Alliance 所授權的認證課程。

想解決爭議嗎？

我會用我身為 ORSC 教練（Organization and Relationship System Coaching，組織與關係系統教練）的經驗，以幾次分享會與工作坊，來增進人們互相之間的關係。

想擁有一個現代的敏捷組織嗎？

藉由顧問與企業教練，我們專注於人們的發展、不同的領導風格與各式各樣的組織結構。

在我的課程：Management 3.0 可以獲得更多的知識與理論。

想提升你的組織到下一個層次嗎？

我會用企業教練法，在各個不同的層次來支持你的組織，你們是否已經採用敏捷與 Scrum 並不重要；這比較像是在尋找一種更好的工作方法，會專注在讓團隊進步，增強合作、責任與所有權。

ZUZANA ŠOCHOVÁ—SOCHOVA.COM

我幫助公司與個人變得更成功。

我是各式大、小公司的敏捷教練，我是 Scrum Alliance 的 CST（Certified Scrum Trainer），有超過 15 年的經驗。

敏捷教練

敏捷不只是新的方法而已，它其實是種文化，而這種文化是很難養成的。我已經在各公司多次實做了敏捷，如果你需要的話，我可以幫助你在你的公司裡實施敏捷。

培訓師

我喜歡教導團隊與他們的主管如何變得更有效率、如何提供更好的品質，團隊之間如何溝通與如何組織。在過程中，人們都覺得很有趣，有更高的動機與承諾。

我開了認證課程與一般的工作坊，每種課程都有高互動性且充滿實用的知識。

參考資料

[1] James Manktelow and the Mind Tools Team. n.d. "ServantLeadership." www.mindtools.com/pages/article/servant-leadership.htm.

[2] Larry C. Spears. 2010. "Character and Servant Leadership: 10 Characteristics of Effective, Caring Leaders." The Journal of Virtues and Leadership 10 (1).

[3] Zuzana Šochová. 2015. "Become a Great ScrumMaster."Better Software 17 (4): 30.

[4] Cognitive Edge. n.d. "ORSC: Organization and RelationshipSystems Coaching." CRR Global. www.crrglobal.com/organization-relationship-systems-coaching.html.

[5] LeSS Company. 2014. "Systems Thinking." http://less.works/less/principles/systems_thinking.html.

[6] Gojko Adzic. 2012. Impact Mapping: Making a Big Impact with Software Products and Projects. Provoking Thoughts.

[7] Gojko Adzic. 2012. "Make a Big Impact with SoftwareProducts and Projects!" www.impactmapping.org/.

[8] Cognitive Edge. n.d. "Making Sense of Complexity in Orderto Act." http://cognitive-edge.com/.

[9] Julia Wester. 2013. "Understanding the CynefinFramework—a Basic Intro." Everyday Kanban. www.everydaykanban.com/2013/09/29/understanding-the-cynefin-framework/.

[10] Agile Coaching Institute. n.d. "Agile Coaching Resources." www.agilecoachinginstitute.com/agile-coaching-resources/.

[11] Eaton & Associates Ltd. 2009. "Tuckman's Model: 5 Stages of Group Development." https://ess110.files.wordpress.com/2009/02/tuckmans_model.pdf.

[12] Patrick Lencioni. 2002. The Five Dysfunctions of a Team.Jossey-Bass.

[13] Fernando Lopez. n.d. "The Top 4 Behaviors ThatDoom Relationships—and What to Do about Them." http://www.orscglobal.com/MainCommunity/Resources/Top4BehaviorsThatDoomRelationships.pdf.

[14] Christopher Avery. n.d. "Christopher Avery—TheResponsibility Process." www.christopheravery.com/.

[15] Dave Logan, John King, and Halee Fischer-Wright. 2011.
Leadership: Leveraging Natural Groups to Build a Thriving Organization. HarperBusiness.

[16] David Marquet. 2013. Turn the Ship Around!: A True Story of Turning Followers into Leaders. Portfolio.

[17] LeSS Company. n.d. "Sprint Review." http://less.works/less/framework/sprint-review.html.

[18] Mindview. n.d. "What Is an OpenSpace Conference?" www.mindviewinc.com/Conferences/OpenSpaces.

[19] Wikipedia. n.d. "Unconference." https://en.wikipedia.org/wiki/Unconference.

[20] World Café. n.d. "World Cafe Method." www.theworldcafe.com/key-concepts-resources/world-cafe-method/.

[21] CRR Global. n.d. "ORSC Intelligence: A Roadmap forChange." www.crrglobal.com/intelligence.html.

[22] John Kotter. 2006. Our Iceberg Is Melting: Changing and Succeeding under Any Conditions. Macmillan.

[23] Alistair Cockburn. 2008. "Shu Ha Ri." http://alistair.cockburn.us/Shu+Ha+Ri.

[24] Francis Takahashi. 2012. "An Interview with Endô Seishirô Shihan by Aiki News." www.aikidoacademyusa.com/viewtopic.php?f=14&t=336#p545.

[25] Cognitive Edge. 2011. "ORSC: Organization and Relationship Systems Coaching—Coach Training Courses." CRR Global. www.crrglobal.com/coach-training-courses.html.

[26] Marcial Losada and Emily Heaphy. 2014. "The Role of Positivity and Connectivity in the Performance of Business Teams: A Nonlinear Dynamics Model." www.scuoladipaloalto.it/wp-content/uploads/2012/11/positive-to-negative-attractors-in-business-teams11.pdf.

[27] Amit Amin. 2014. "The Power of Positivity, in Moderation: The Losada Ratio." http://happierhuman.com/losada-ratio/.

[28] Amit Amin. 2014. "The Power and Vestigiality of Positive Emotion—What's Your Happiness Ratio?" http://happierhuman.com/positivity-ratio/.

[29] John Whitmore. 2009. Coaching for Performance: GROWing Human Potential and Purpose. Nicholas Brealey Publishing.

[30] International Coach Federation (ICF). n.d. "Code of Ethics—About—ICF." http://coachfederation.org/about/ethics.aspx?ItemNumber=854.

[31] Henry Kimsey-House, Karen Kimsey-House, and Phillip Sandahl. 2011. "Powerful Questions." www.thecoaches.com/docs/resources/toolkit/pdfs/31-Powerful-Questions.pdf.

[32] Agile Coaching Institute. 2011. "Powerful Questions Cards from the Coaching Agile Teams Class." www.agilecoachinginstitute.com/wp-content/uploads/2011/05/PQ-Cards-4-to-a-page.pdf.

[33] Gojko Adzic. 2012. "Make a Big Impact with Software Products and Projects!" www.impactmapping.org/about.php.

[34] LeSS Company. 2014. "Large-Scale Scrum—LeSS." http://less.works/.

[35] LeSS Company. 2014. "LeSS Case Studies." http://less.works/case-studies/index.html.

[36] Don Wells. 1999. "The Rules of Extreme Programming." www.extremeprogramming.org/rules.html.

[37] Michael Lant. 2010. "How to Make Your Project Not Suck by Using an Agile Project Charter." http://michaellant.com/2010/05/18/how-to-make-your-project-not-suck/.

[38] Jeff Patton. 2008. "The New User Story Backlog Is a Map." http://jpattonassociates.com/the-new-backlog/.

[39] Agile Alliance. 2013. "BDD." http://guide.agilealliance.org/guide/bdd.html.

[40] Vasco Duarte. 2014. "5 No Estimates Decision-Making Strategies." http://noestimatesbook.com/blog/.

[41] Zuzi Šochová. 2013. "Forgotten Practices: The Backlog Priority Game." http://tulming.com/agile-and-lean/forgotten-practices-the-backlog-priority-game/.

[42] Eric Ries. n.d. "The Lean Startup Methodology." http://theleanstartup.com/principles.